LAS LINEAS MAGNETICAS SON IMANES

Contenido

PROLOGO 4

LINEAS DE FUERZA COMO ONDAS DE PERCUSION 8

   FORMACION DE LAS LÍNEAS DE FUERZA MAGNÉTICAS: 9

   2 FORMACION DE CRESTAS 11

3 IMANTACION DE LAS LÍNEAS MAGNÉTICAS: 14

   IMANTACIÓN DE LA LIMADURA DE HIERRO AL ATRAVESAR LAS LÍNEAS DE RUPTURA. 15

4 DEL ESPECTRO DE UN CABLE DE CORRIENTE AL ESPECTRO DE UN IMÁN: 16

   ¿QUÉ ES LO QUE PASA EN EL INTERIOR DE UNA ESPIRA? 20

   EL INTERIOR DE UN IMAN: 23

ATRACCION Y REPULSIÓN MAGNÉTICA: 27

   La atracción y repulsión magnética tiene su base o Fuente en la atracción y repulsión de cables de corriente eléctrica descrita en el experimento de Ampere 27

   Para estudiar la atracción y repulsión magnética vamos a seguir estos 3 pasos: 27

   1 EXPERIMENTO DE AMPERE: CABLES DE CORRIENTE ELÉCTRICA EN PARALELO 27

   2 ATRACCION Y REPULSION DE LAS LINEAS MAGNETICAS 31

   3 EFECTO ANCLAJE 36

- 1 EFECTO ANCLAJE EN IMANES 36
- APROXIMACION DE 2 CABLES DE CORRIENTES 41
  - CON LA MISMA DIRECCIÓN: 41
  - APROXIMACION DE LINEAS MAGNÉTICAS GENERADAS POR CABLES DE CORRIENTES DE DIRECCIÓN CONTRARIA. 44
- APROXIMACION DE 2 ELECTROIMANES 47
  - CON DIRECCION DE CORRIENTE EN EL MISMO SENTIDO 47
- APROXIMACION DE IMANES 50
  - POR POLOS OPUESTOS 50
  - APROXIMACION DE IMANES POR POLOS IGUALES: 52
- PARTICION DE IMANES 54
  - PARTICIÓN TRANSVERSAL O PERPENDICULAR A LA DIRECCIÓN DE LOS POLOS: 56
- PARTICION DE ELECTROIMANES 68
  - PARTICION TRANSVERSAL 68
  - PARTICION LONGITUDINAL 70
- 11 INDUCCION ELECTRICA 72
- 12 ORDENACION MOLECULAR EN EL INTERIOR DE UN IMÁN 74
  - 12 1 LA MAGNETITA 79
- 13 TEORÍA CUÁNTICA DE MAGNETISMO: 80
- 14 LEY DE LORENZ 82
- MAGNETISMO TERRESTRE GENERADO SIN NECESIDAD DE GEODINAMO 85
  - MAGNETISMO TERRESTRE 85

HIPOTESIS DE CARGA POR FROTAMIENTO 90

¿CÓMO PROBAR QUE EL CAMPO MAGNETICO DE LA TIERRA PUEDE PRODUCIRSE POR UNA CORRIENTE CIRCULAR DEL FLUIDO METALICO DEL NÚCLEO? 91

HIPÓTESIS DE DESPLAZAMIENTO DE LOS POLOS MAGNÉTICOS: 94

INVERSION DE LOS POLOS MAGNETICOS TERRESTRES 95

16 DIAMAGNETISMO Y LEVITACION MAGNETICA 97

1 LEVITACION MAGNETICA POR DIAMAGNETISMO 100

2 DIAMAGNETISMO: 101

3 PARAMAGNETISMO: 102

17 RELACION INDICE CONDUCTIVIDAD Y MATERIALES MAGNETICOS 103

18 LEY DE LENZ 105

B IMAN EN SOLENOIDE 111

EXPERIMENTOS 113

MOTOR HOMOPOLAR 113

20 ESPIRA GIRATORIALAS 115

21 IMAN CAE FRENADO EN INTERIOR TUBO DE COBRE 116

22 LAS LINEAS MAGNETICAS SON FLEXIBLES Y SE DEFORMAN 116

23 IMAN COLGADO DE UN HILO CAE Y SE FRENA SOBRE BARRA DE COBRE 117

25 PLANCHA DE ALUMINIO LEVITA SOBRE CORRIENTE ALTERNA 119

26 PARADOJA DE FARADAY 120

PROLOGO

Desde la antigüedad el hecho de que la Magnetita atrajese objetos de hierro parecía magia, ¿Cómo podía un imán atraer al hierro con una fuerza de lejos que no se ve?

Posteriormente se realizó otro experimento consistente en espolvorear limadura de hierro sobre un imán y ocurrió otro milagro: aparecieron unas líneas magnéticas.

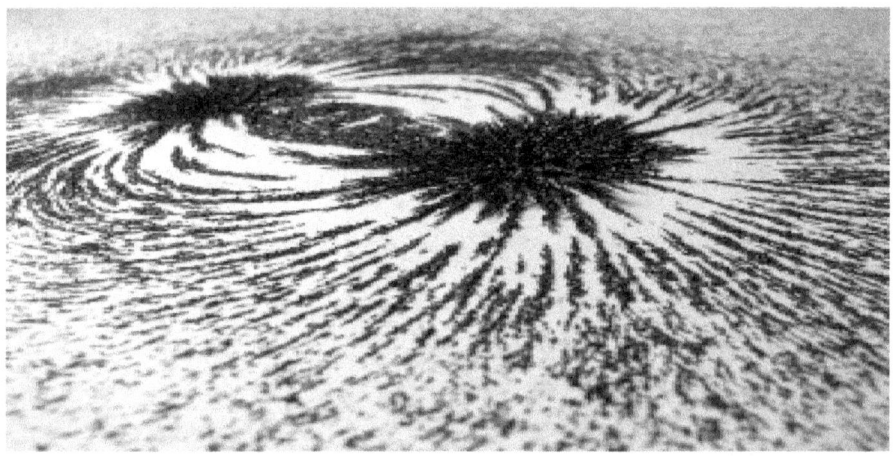

¿podrían actuar estas líneas como una tela de araña que atrapasen los pedazos de hierro?

Ampere se propuso desentrañar el misterio y para ello dedujo la existencia en el interior de un imán de espiras de corriente atómicas.

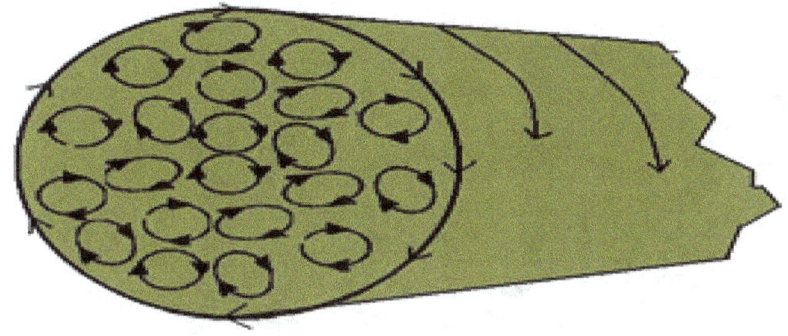

Pero en un momento determinado sus pensamientos tomaron una derivación caprichosa y sin base experimental a través del llamado "El Hombrecillo de Ampere" que con su brazo izquierdo señalaba la dirección de la corriente magnética.

Sí efectivamente Ampere inició el concepto de la vectorización de las líneas magnéticas, seguramente el ansia por dar formulación al magnetismo le llevó a tomar una decisión precipitada.

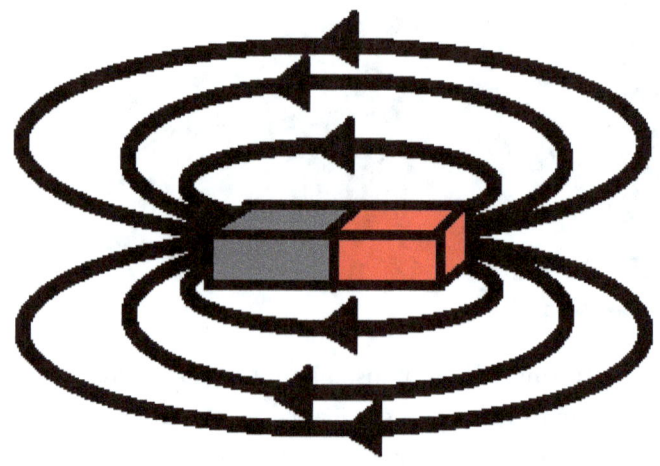

A partir de este momento, las líneas magnéticas pasaron a ser "Corrientes Magnéticas" que siguen una dirección determinada.

En este libro vamos a considerar a las líneas magnéticas no como "Corrientes magnéticas" sino como imanes en sí mismos

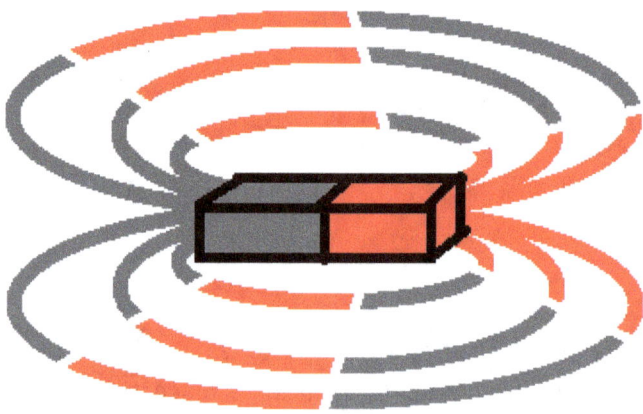

Y para ello vamos a partir de una sencilla demostración; espolvoreamos limadura de hierro sobre un imán y ¿veamos qué ocurre?

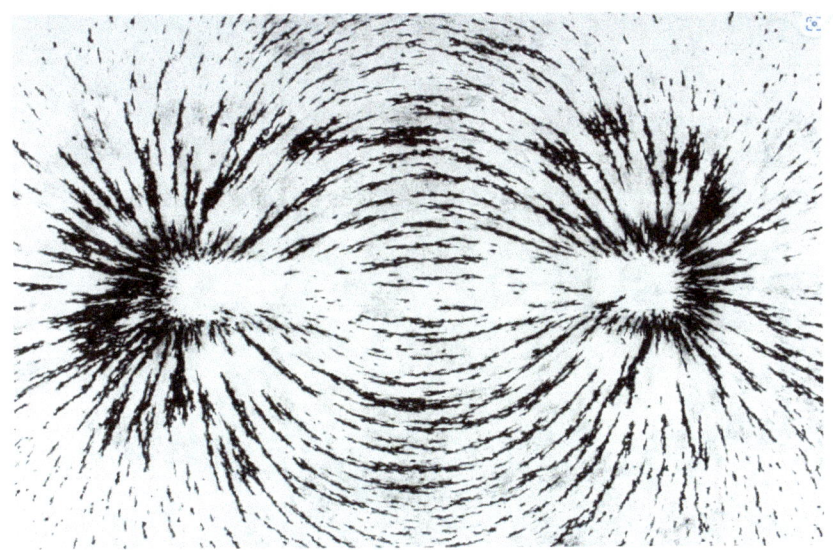

Efectivamente apreciamos que la limadura de hierro se ve atraída no por el imán en sí, sino por las líneas magnéticas del imán.

Esta es pues la prueba irrefutable de que las líneas magnéticas son imanes en sí mismas.

LINEAS DE FUERZA COMO ONDAS DE PERCUSION

Si un cable con corriente eléctrica atraviesa un papel y en el mismo espolvoreamos limadura de hierro; apreciaríamos las formas de circunferencias concéntricas creadas por las líneas de fuerza magnética

Y tanto Ampere como Maxwell, habían descrito estas líneas de fuerza Magnéticas como líneas de corriente magnética, incluso les dieron una dirección. (Las vectorizaron).

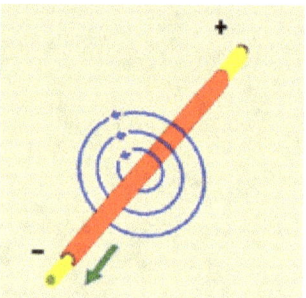

Sin embargo, existe una dificultad para dar un soporte molecular a esta hipótesis de líneas de fuerza como líneas de corriente magnética, ya que las

moléculas de nitrógeno el principal componente del aire debería tener una configuración en "L" para poder trasmitir esa perpendicularidad a las líneas de fuerza.

Y evidentemente las moléculas de nitrógeno no tienen esta estructura. Y por ello vamos a estudiar el camino de ondas provocadas por la "percusión "en un medio; para la formación de las líneas de fuerza magnéticas.

De manera similar a como ocurre con la percusión de una gota al caer sobre el agua

FORMACION DE LAS LÍNEAS DE FUERZA MAGNÉTICAS:

El fenómeno de ondas concéntricas no es único para el magnetismo y se da en diferentes situaciones en la naturaleza, tales como:

IMPACTO EN CRISTAL

HIELO RESQUEBRAJADO

El fluir de una corriente eléctrica crea alrededor unas líneas de fuerza magnética en forma de circunferencias concéntricas.

Estas líneas magnéticas no son producto de corrientes magnéticas que siguen el camino de estas líneas; más bien; hay que considerarlas como ondas originadas por la corriente eléctrica.

Haciéndose visibles al crear circunferencias, por la formación de crestas que rompen formando círculos concéntricos.

La consideración de las líneas magnéticas como corrientes nos lleva a un callejón sin salida en la física clásica e irremediablemente tenemos que ir por caminos de la mecánica cuántica. Líneas magnéticas como ondas nos permite avanzar en la mecánica clásica en la explicación del principal problema; atracción y repulsión magnética.

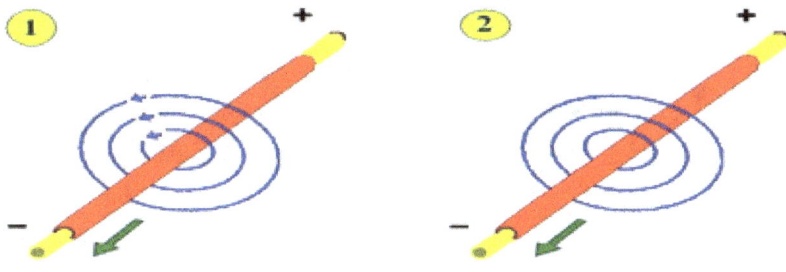

2 FORMACION DE CRESTAS

Si establecemos una diferencia de potencial en un cable eléctrico, los electrones del cable conductor van fluyendo en la dirección de la corriente, pero ¿qué pasa con el aire que rodea al cable conductor?; sus electrones padecen una atracción eléctrica hacia el cable de corriente. Esta atracción eléctrica, provoca un círculo ionizado perpendicular y ascendente o descendente según sea el sentido de la corriente por el cable. Este círculo ionizado creado en el aire que circunda al cable conductor; rompe, formando ondas eléctricas.

Veamos gráficamente cómo se producen estas crestas.

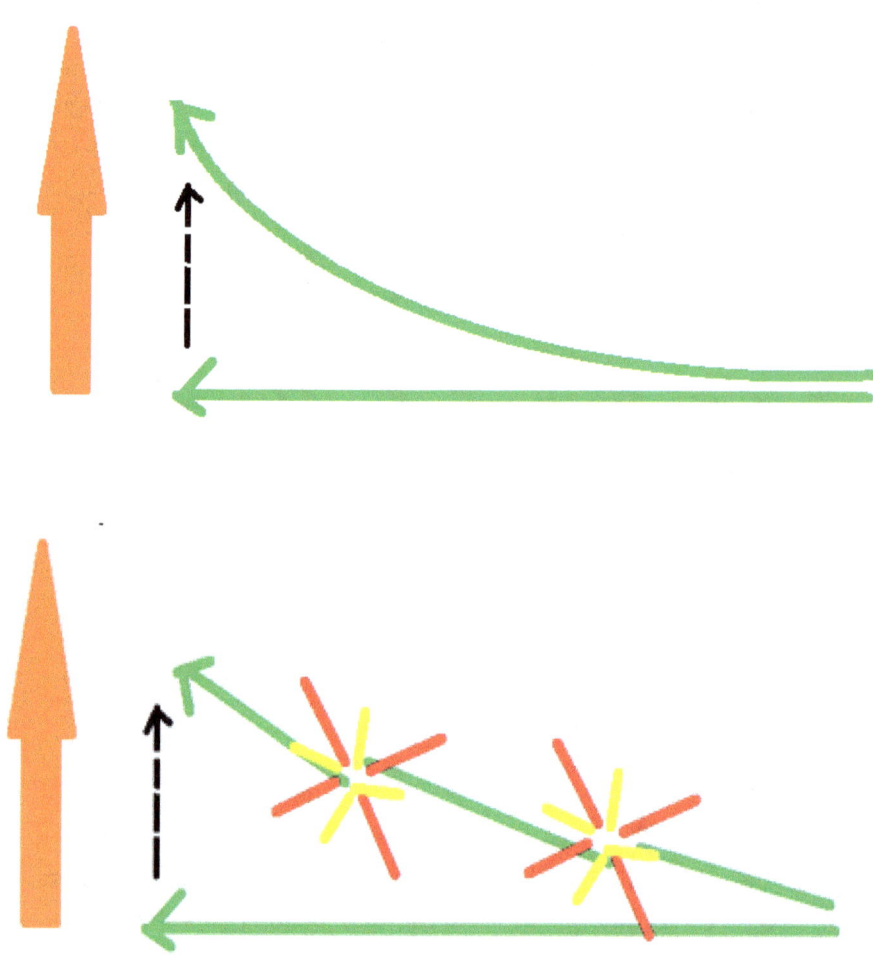

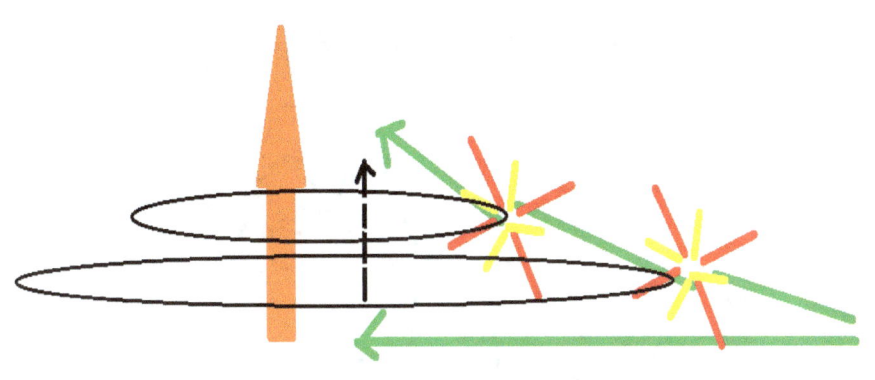

3 IMANTACION DE LAS LÍNEAS MAGNÉTICAS:

¿Qué ocurre en las líneas de ruptura?:

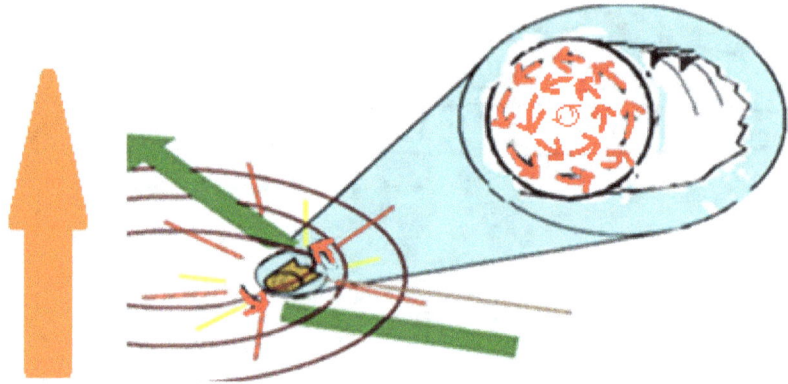

En las líneas de ruptura se produce una corriente circular similar a la producida por un electroimán.

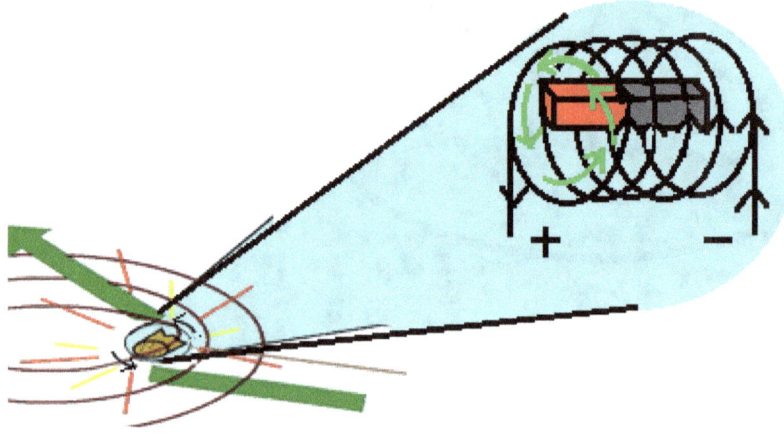

En consecuencia, las líneas se comportan como imanes o electroimanes en sí mismas.

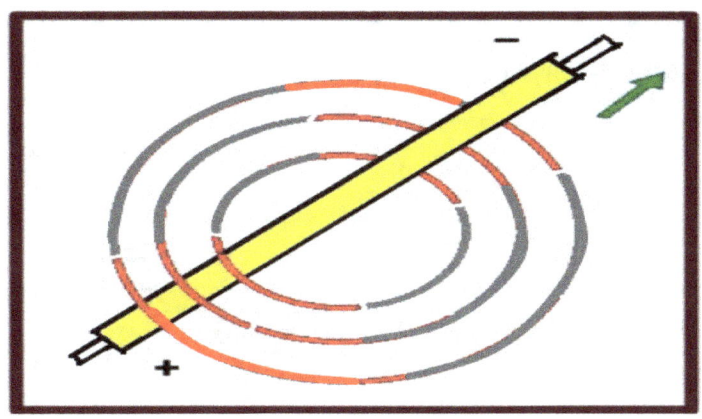

IMANTACIÓN DE LA LIMADURA DE HIERRO AL ATRAVESAR LAS LÍNEAS DE RUPTURA.

Al espolvorear limadura de hierro; las líneas que son imanes en sí mismas, atraen esta limadura formando el espectro magnético.

4 DEL ESPECTRO DE UN CABLE DE CORRIENTE AL ESPECTRO DE UN IMÁN:

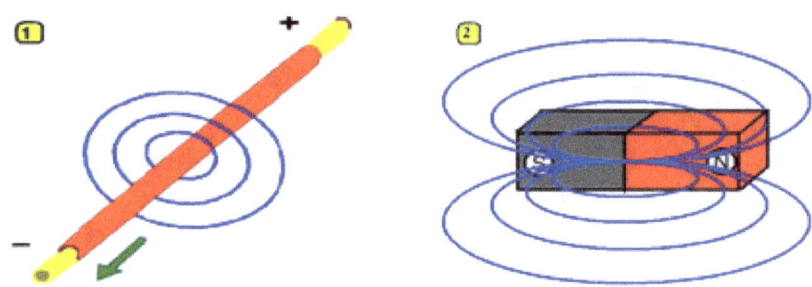

En la imagen vemos representado el campo magnético de un cable de corriente.

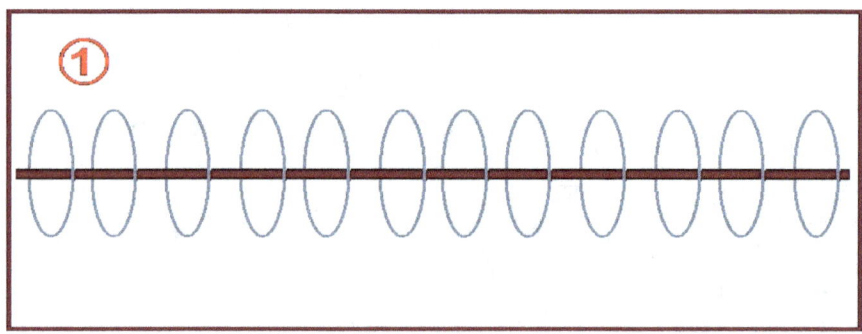

Si doblamos el cable eléctrico hasta formar con él una circunferencia o aro que llamamos espira, se generaría alrededor de esta espira el siguiente patrón de campo magnético

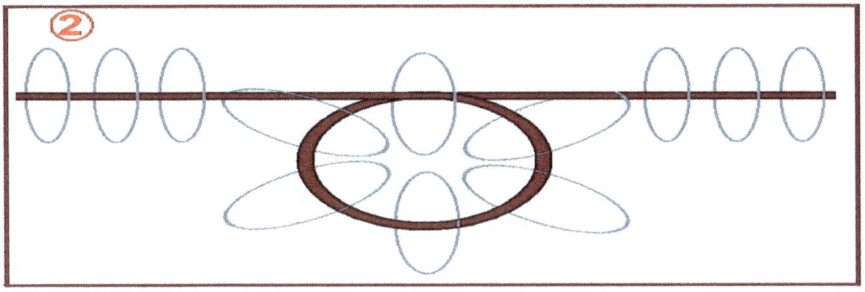

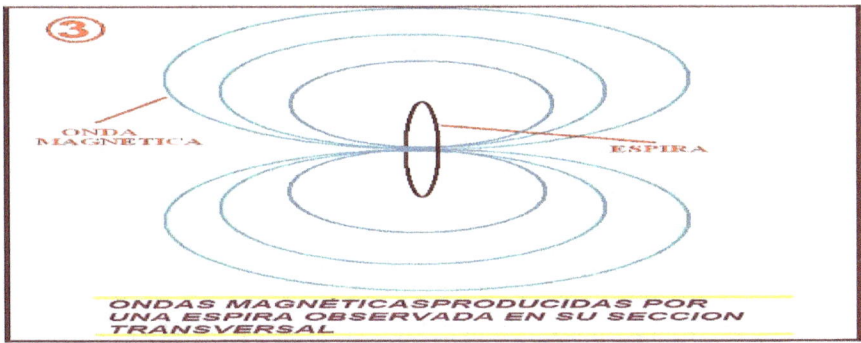

La onda magnética de una espira ya se va pareciendo al campo de un imán. La espira genera ondas a lo largo de toda ella, provocando unos tubos de ondas tridimensionales a su alrededor (en el esquema describimos solamente un plano que muestra el campo generado frontalmente). Si juntamos unas cuantas espiras por las cuales pasa la corriente eléctrica tendríamos un electroimán cuyo patrón de campo magnético sería el producto de la suma de las ondas producidas por cada espira.

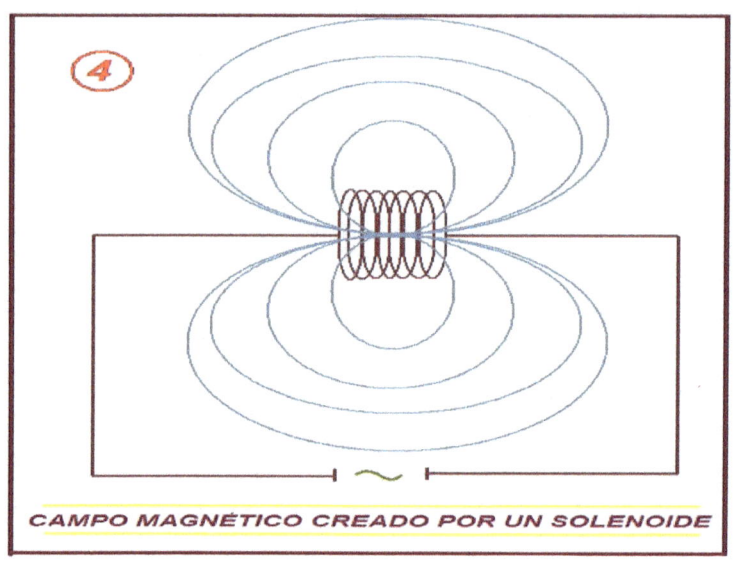

CAMPO MAGNÉTICO CREADO POR UN SOLENOIDE

El campo magnético producido por un electroimán nos recuerda al campo magnético producido por un imán. La similitud entre ambos nos lleva a deducir que los dos campos tienen una causa similar.

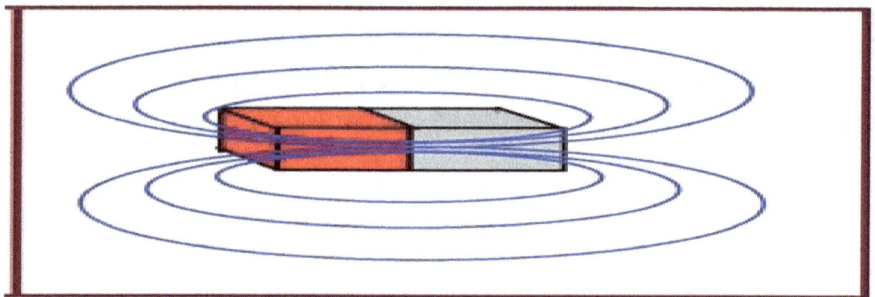

En ocasiones en la naturaleza se producen espectros producidos por ondas de percusión, similares al espectro magnético.

Golpe en parabrisas de un coche

Aspas del helicóptero sobre el agua.

¿QUÉ ES LO QUE PASA EN EL INTERIOR DE UNA ESPIRA?

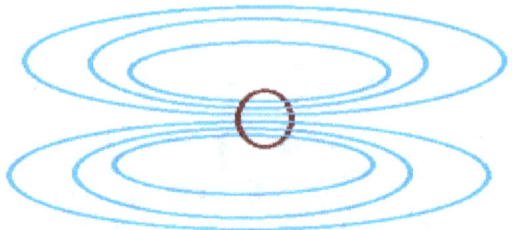

La espira mantiene una corriente eléctrica circular en una dirección.

Recordemos que las líneas de ruptura producen una corriente circular de sentido contrario a la dirección de la corriente que las genera.

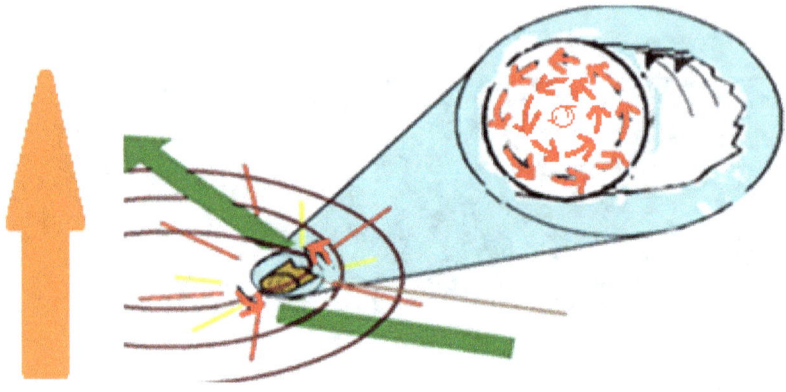

De la misma manera una espira de un electroimán; crea círculos de eléctricos de dirección contraria a la corriente que los generó.

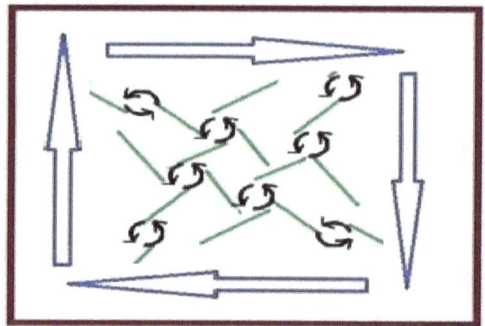

Luego apreciamos que el interior de la espira mantiene la siguiente estructura eléctrica:

La espira mantiene en su interior círculos eléctricos con una dirección opuesta a la dirección de la corriente que las creó.

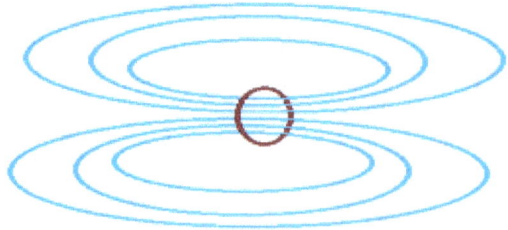

Tal como vemos en la imagen estas corrientes circulares forman luego las Líneas Magnéticas.

EL INTERIOR DE UN IMAN:

En un electroimán los círculos internos de corriente se forman a partir de la corriente existente en las espiras; de fuera hacia dentro;

En el proceso de fabricación de un imán se acerca un electroimán a un metal de acero y tras un tiempo el acero queda imantado permanentemente:

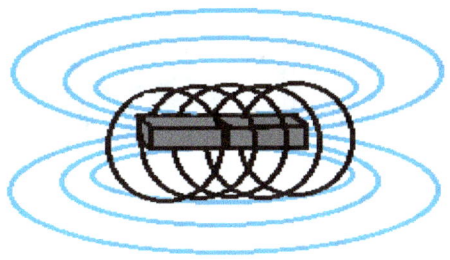

En la imagen vemos como las líneas Magnéticas del electroimán atraviesan la barra de acero.

Quedando el acero con círculos de corriente eléctrica en su interior, producido por las líneas que lo atraviesan e imantándolo permanentemente:

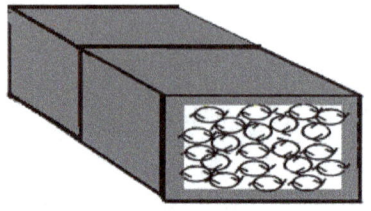 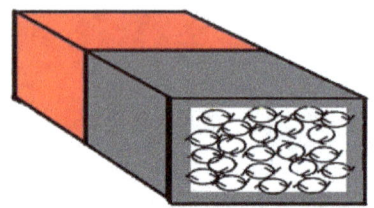

Estos círculos de corriente eléctrica luego crearán las líneas Magnéticas del propio imán.

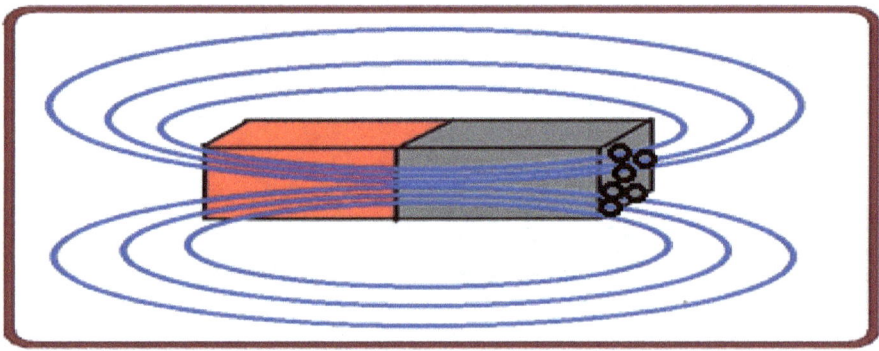

En un imán los círculos internos de corriente se forman a partir de las líneas de fuerza que lo atraviesan, imantándose desde su interior.

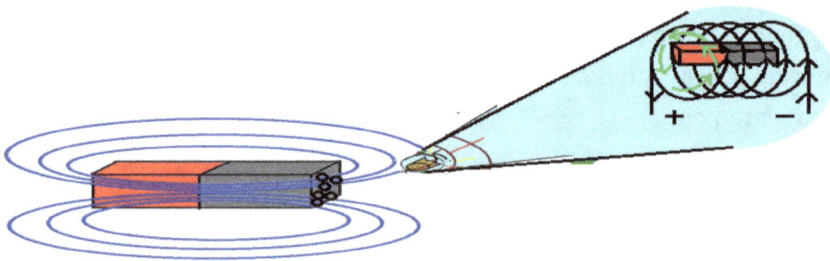

Estos círculos eléctricos crean las líneas Magnéticas que como vimos se comportan como un electroimán, formando imanes en sí mismas.

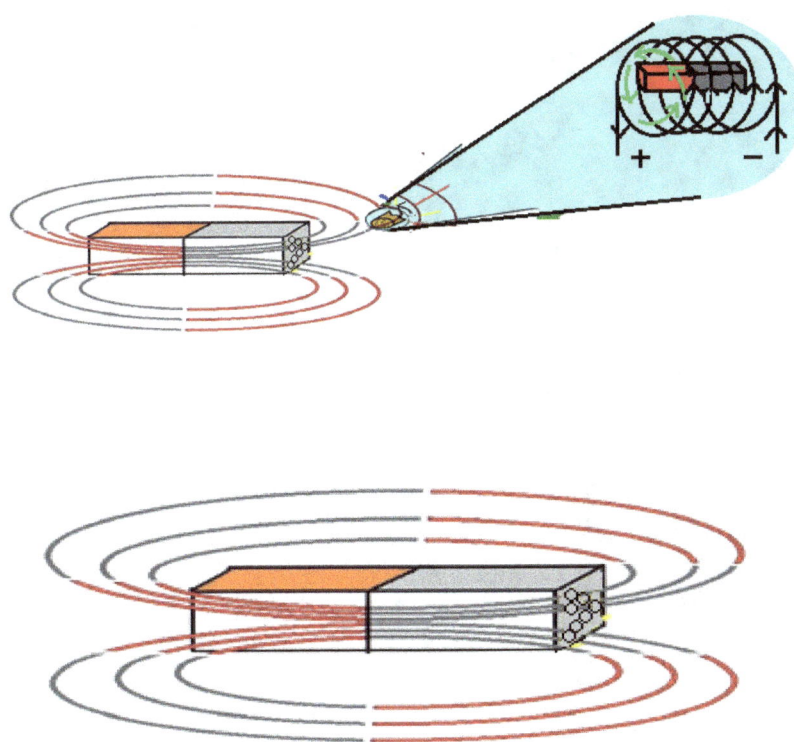

Pero para que las líneas creadas den la vuelta alrededor del imán y se unan con las líneas salientes por el polo opuesto se necesita algo diferente; una corriente eléctrica en la superficie del imán de dirección contraria a las corrientes de los círculos en el interior del imán.

En un electroimán la corriente de la espira genera círculos en su interior de dirección contraria, en un imán el proceso es inverso, son los círculos los que generan una corriente superficial en el imán de sentido inverso.

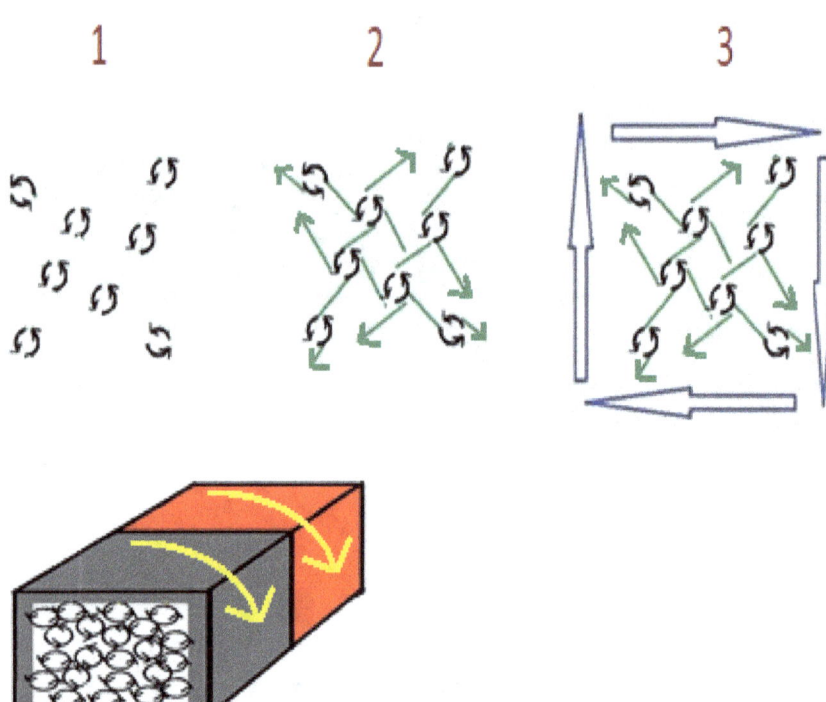

ATRACCION Y REPULSIÓN MAGNÉTICA:

La atracción y repulsión magnética tiene su base o Fuente en la atracción y repulsión de cables de corriente eléctrica descrita en el experimento de Ampere

Para estudiar la atracción y repulsión magnética vamos a seguir estos 3 pasos:

1 EXPERIMENTO DE AMPERE: CABLES DE CORRIENTE ELÉCTRICA EN PARALELO

Experimento desarrollado por André-Marie Ampere:

Describió cómo aproximando dos cables paralelos por los que circula una corriente en el mismo sentido, se atraen, mientras que, si la corriente de ambos circula en sentido opuesto, se repelen.

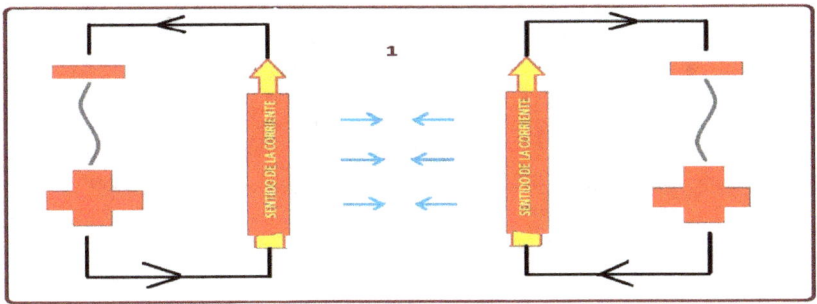

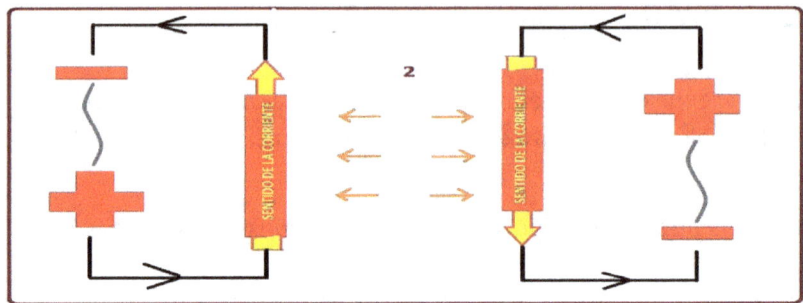

Veamos a continuación como afecta el sentido de la corriente eléctrica ante la aproximación de 2 espiras eléctricas.

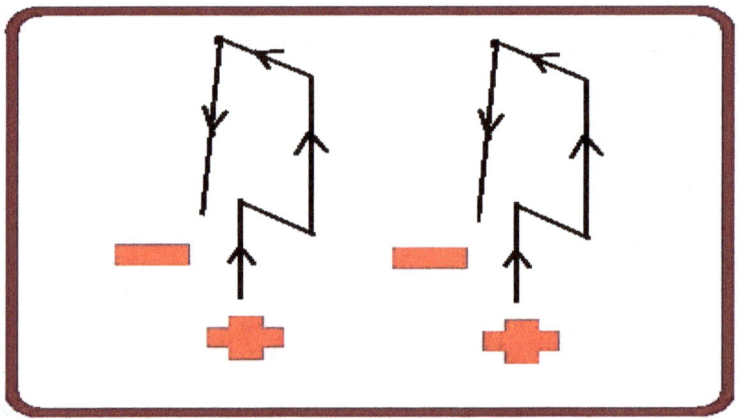

Si aproximamos dos espiras en las que la corriente eléctrica circula en el mismo sentido, ambas espiras se atraerán siguiendo el principio descrito de aproximación entre cables en paralelo con corrientes del mismo sentido.

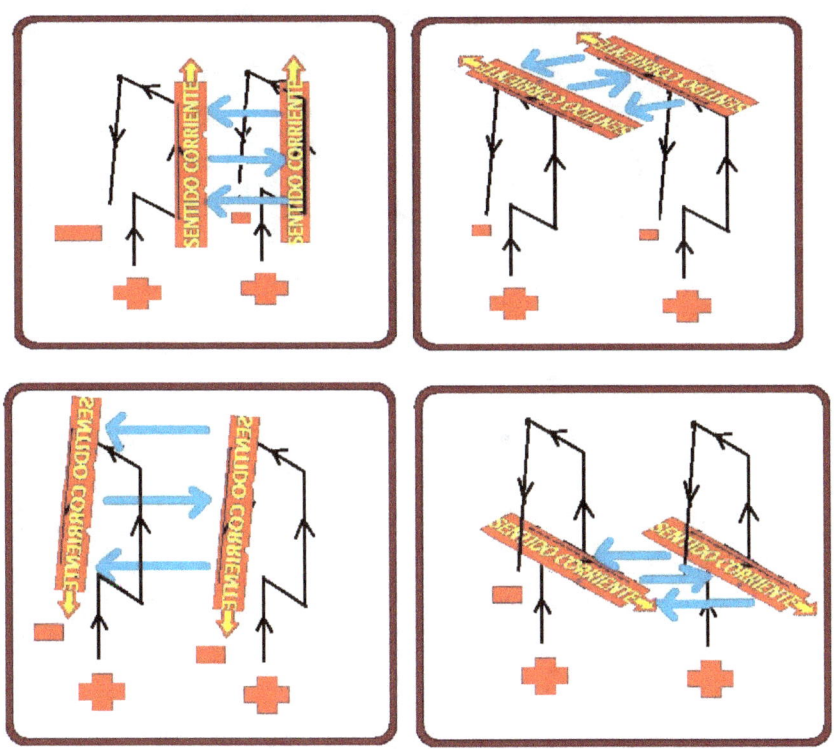

Si se aproximan dos espiras con corrientes opuestas.

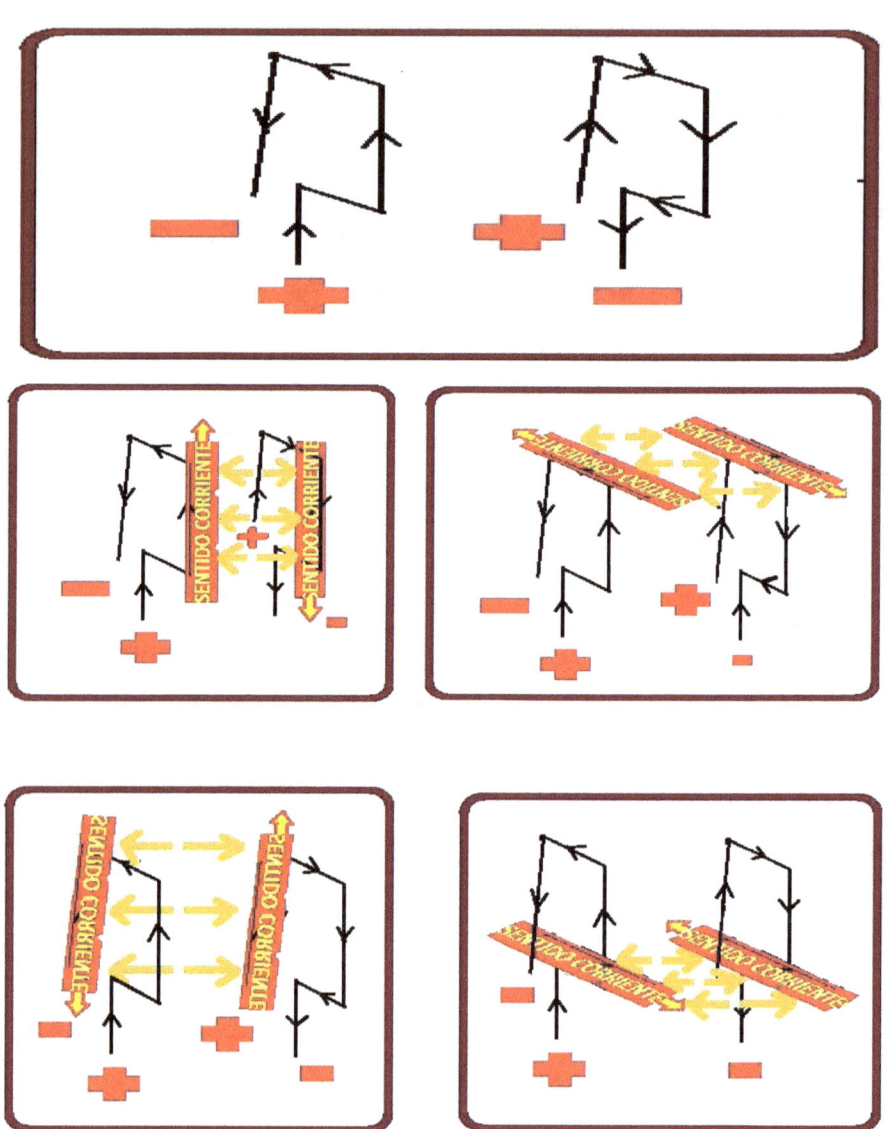

Las espiras tenderán a repelerse.

¿Qué relación pueden tener la atracción y repulsión de las espiras con la atracción y repulsión magnética?:

2 ATRACCION Y REPULSION DE LAS LINEAS MAGNETICAS

EXTERIORES

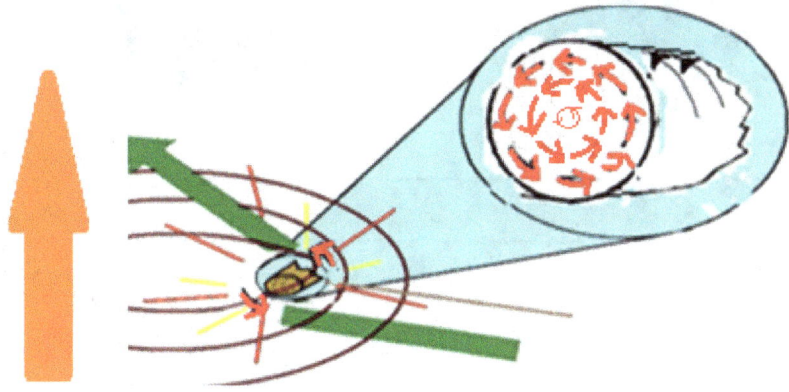

Como vemos en la imagen las líneas magnéticas forman espiras eléctricas y serán estas espiras formadas en las líneas la que se verán atraída o repelida con otras líneas que vienen del polo opuesto del imán.

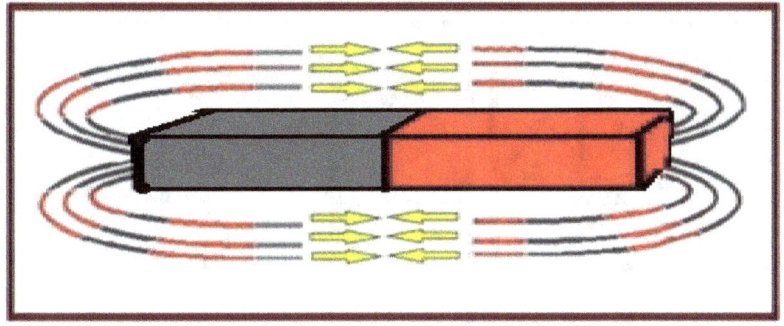

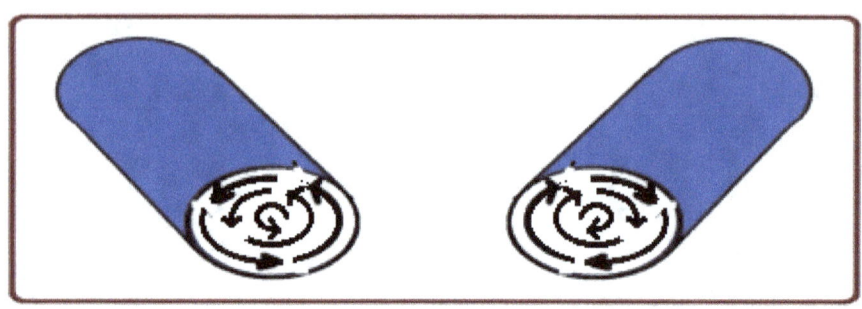

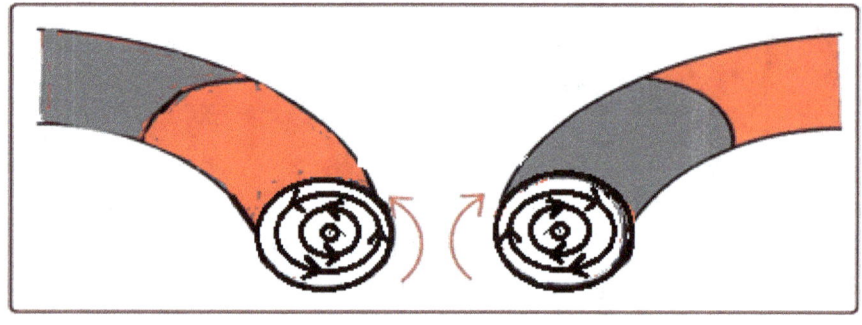

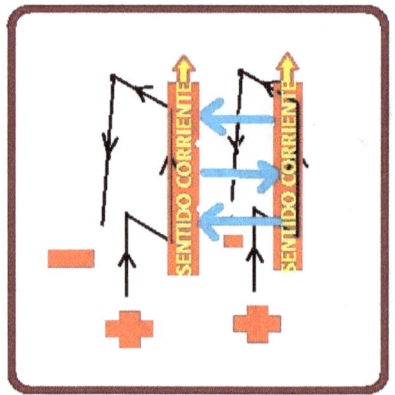
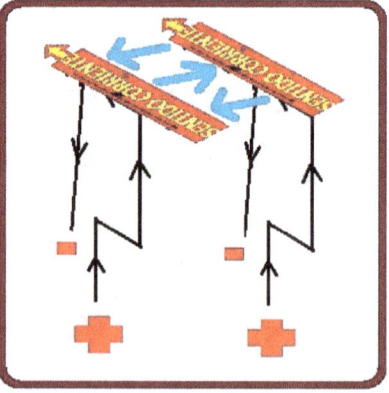

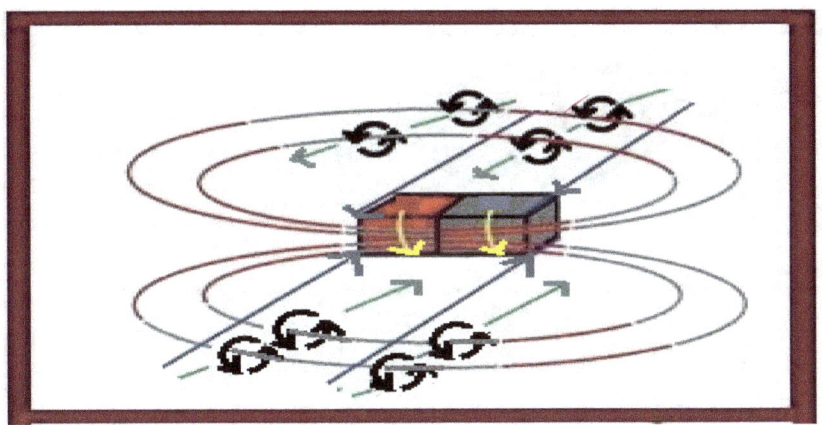

Vemos que las líneas mantienen una dirección de corriente circular similar y según el experimento de Ampere de cables de corriente tienden a unirse como si fueran imanes que se aproximan por polos opuestos y circunvalan el propio imán.

LINEAS INTERIORES

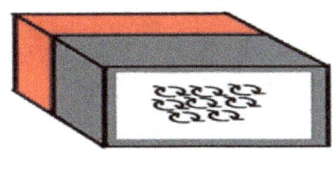 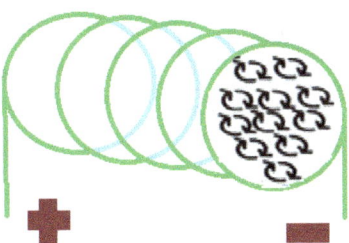

Cada círculo formado de línea de fuerza mantiene una corriente eléctrica opuesta a las corrientes de las líneas colindantes.

Este hecho produce que las líneas de fuerza en el interior del imán se comporten como imanes que se aproximan lateralmente con polos iguales.

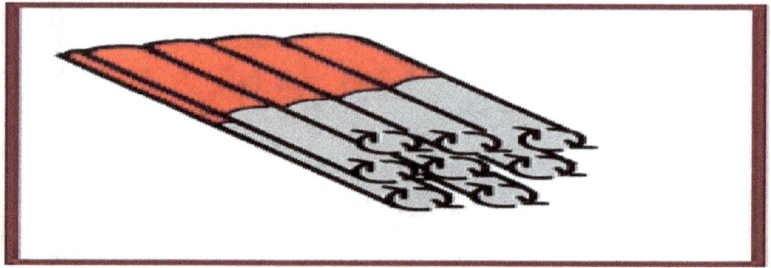

Siguiendo el experimento de Ampere de cables de corriente; las líneas se achatan al discurrir por el interior del imán o electroimán.

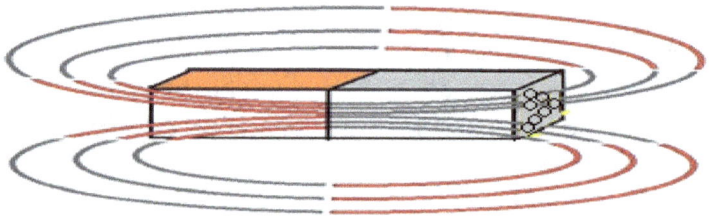

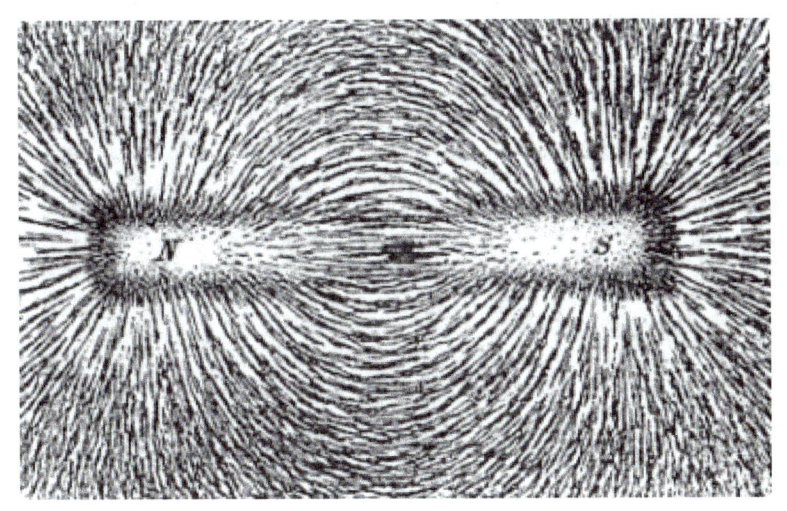

Lo mismo ocurre en el caso de un electroimán.

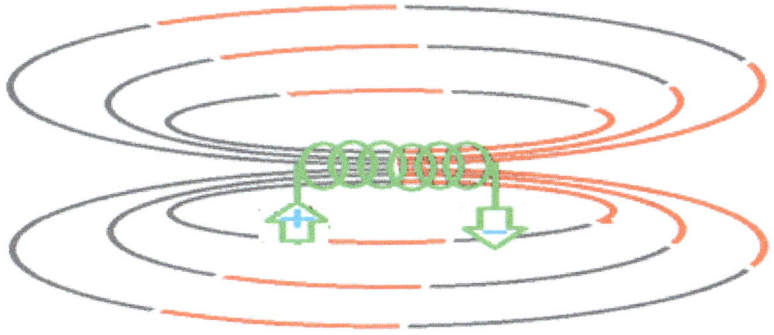

35

En caso de no existir este achatamiento el espectro magnético debería ser el siguiente:

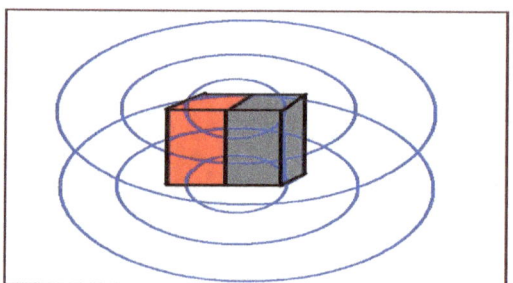

3 EFECTO ANCLAJE

1 EFECTO ANCLAJE EN IMANES

La atracción o repulsión magnética no proviene de una extraña "fuerza de lejos", sino que procede de las líneas de fuerza magnéticas incrustadas dentro del imán y que producen un "Efecto Anclaje" como si fueran un bloque de hormigón armado que se podría mover sujetándolo por las varillas.

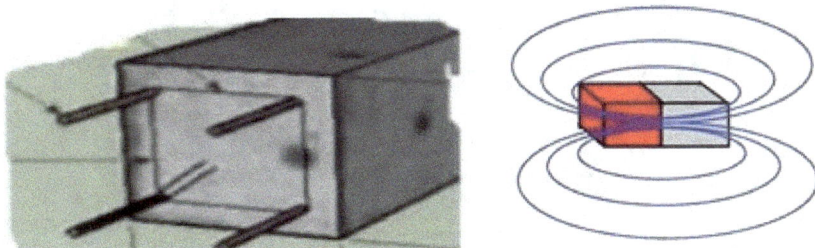

2 EFECTO ANCLAJE EN CABLES DE CORRIENTE

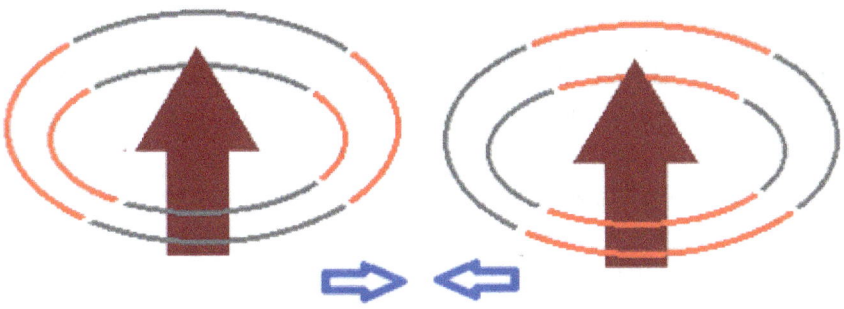

En la imagen vemos que, en el caso de los cables de corriente, las líneas no están incrustadas en ningún lado ni ancladas a nada.

Estudiemos el siguiente gráfico:

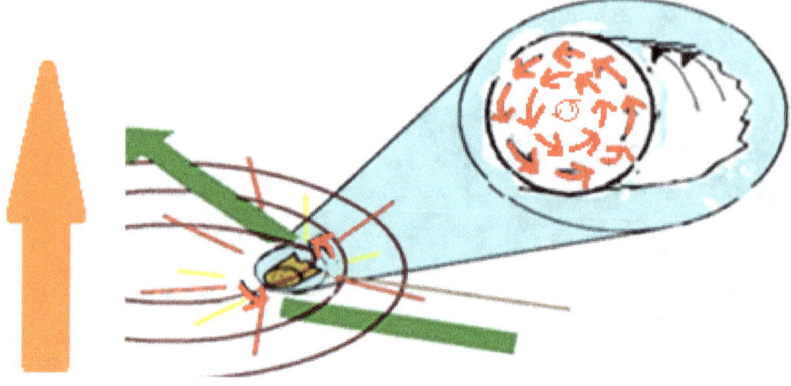

Podemos ver que las líneas de ruptura; rompen creando un círculo eléctrico de dirección contraria a la de la corriente del cable conductor: este hecho es el causante de que las líneas magnéticas mantengan círculos de corriente eléctrica de dirección opuesta a la del cable conductor y que por tanto el efecto anclaje lo produce la repulsión entre las líneas magnéticas y el cable conductor que los genera:

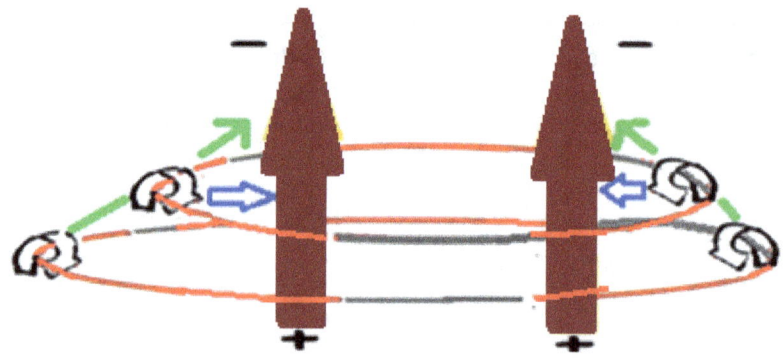

en la imagen vemos como 2 cables con la misma dirección de corriente se ven atraídos producto de la compresión de las líneas magnéticas interiores que provocan que las líneas que bordean los cables al llevar una corriente opuesta a los mismos, empujan a los 2 cables hacia el centro. Y también se ven atraídos por el experimento de Ampere de 2 cables de corriente con la misma dirección.

En un electroimán pasa lo mismo; las líneas no tocan las espiras:

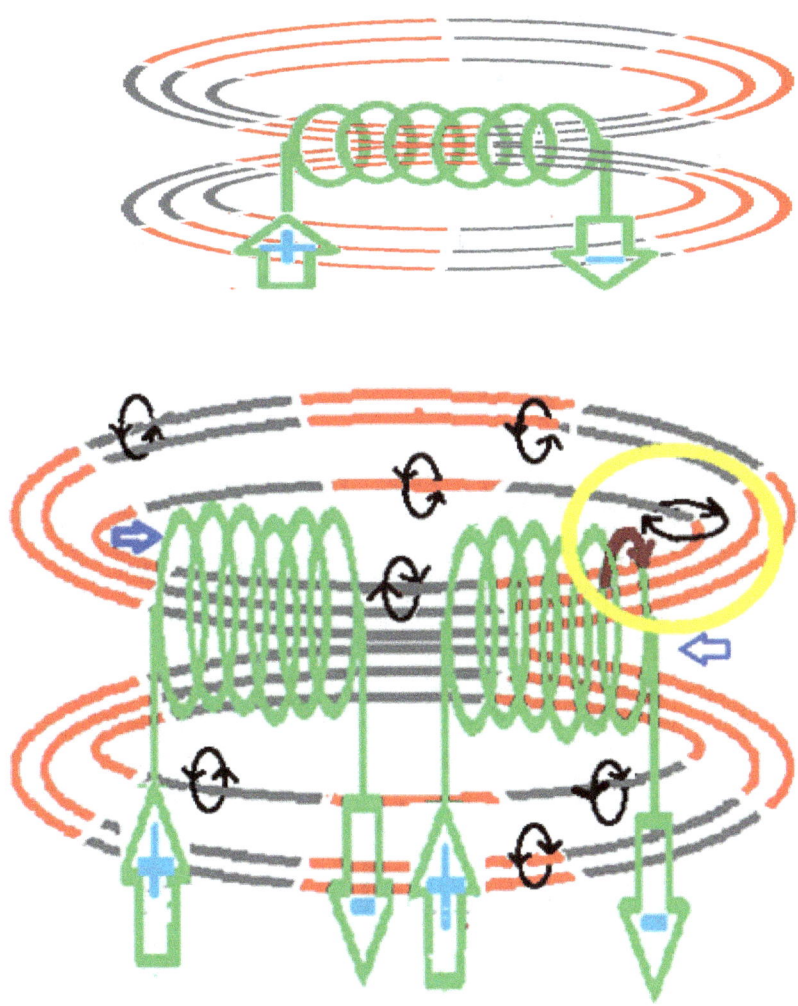

La dirección de corriente de las espiras del electroimán es de dirección contraria a la dirección de corriente que mantienen las líneas magnéticas. Esta circunstancia es la que empuja al electroimán hacia el interior produciendo así el efecto anclaje de un electroimán, junto a la atracción de 2 espiras con dirección de corriente similar.

Para demostrar que las líneas magnéticas se comportan como imanes en sí mismos, vamos a estudiar los distintos espectros magnéticos y compararlos con las líneas Magnéticas que se producen al espolvorear limadura de hierro.

3 LA ATRACCION Y REPULSION MAGNETICA ES DEBIDO A LA SUMA DE LAS FUERZAS DE ATRACCION Y REPULSION DE CORRIENTES EN PARALELO Y EL EFECTO ANCLAJE

APROXIMACION DE 2 CABLES DE CORRIENTES

CON LA MISMA DIRECCIÓN:

A continuación, mostramos una serie de secuencias descriptivas de la evolución de las líneas de fuerza para esta situación

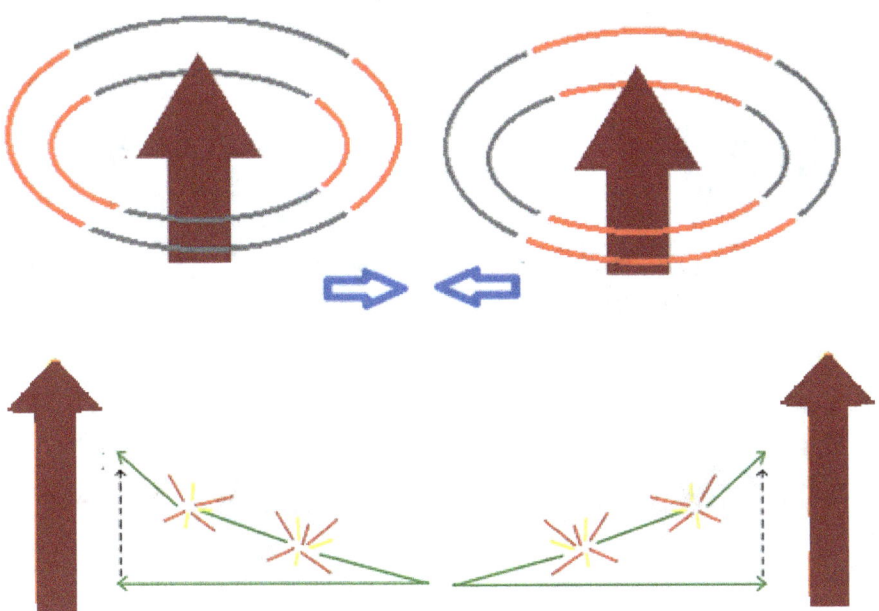

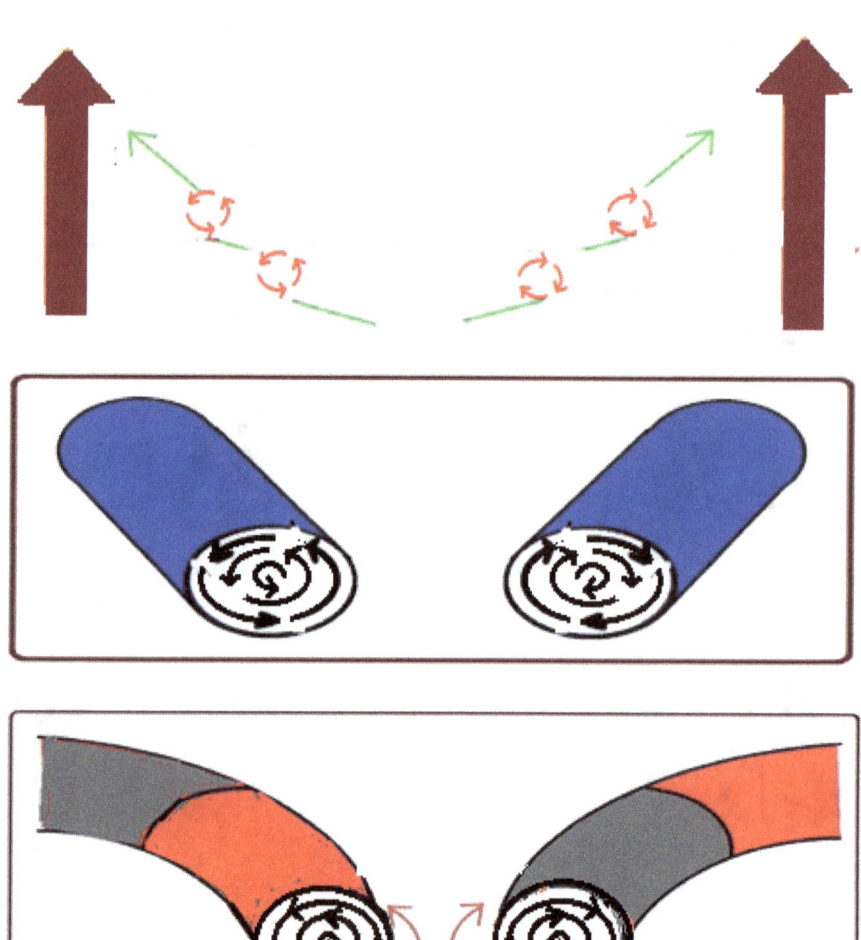

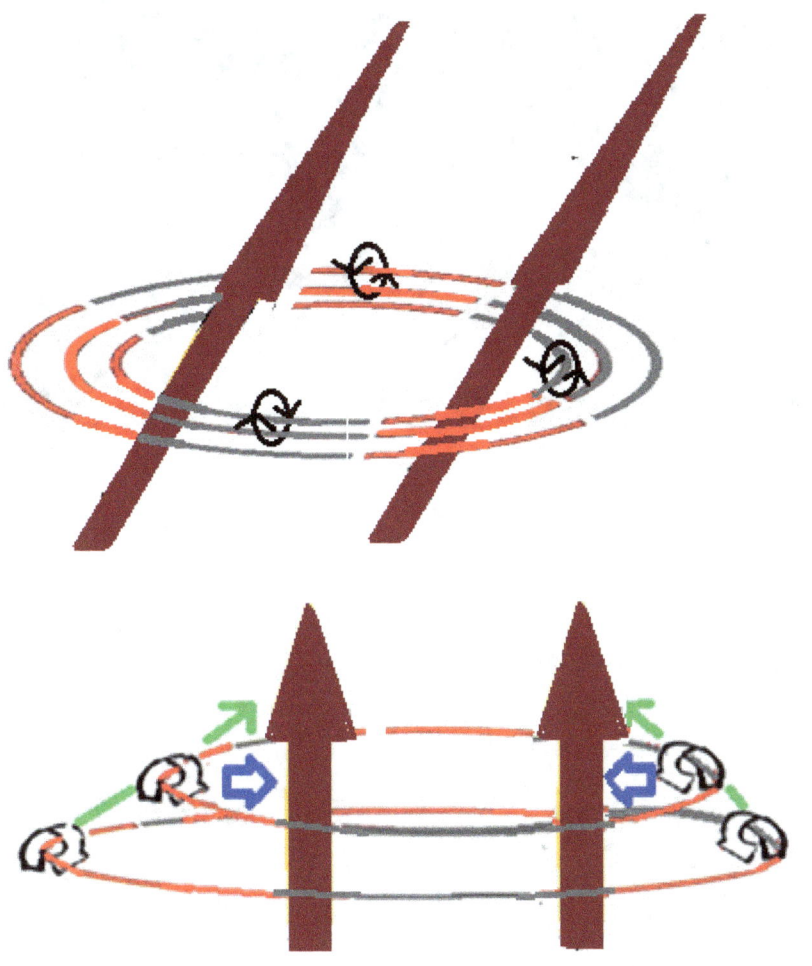

Las líneas de fuerza formadas mantienen la misma dirección de giro en sus corrientes electrónicas y por tanto tienden a juntarse y comprimirse al comportarse como imanes que se aproximan por polos opuestos; a la vez que arrastran los cables a juntarse debido al Efecto anclaje, unido a la atracción de 2 cables con corriente de la misma dirección.

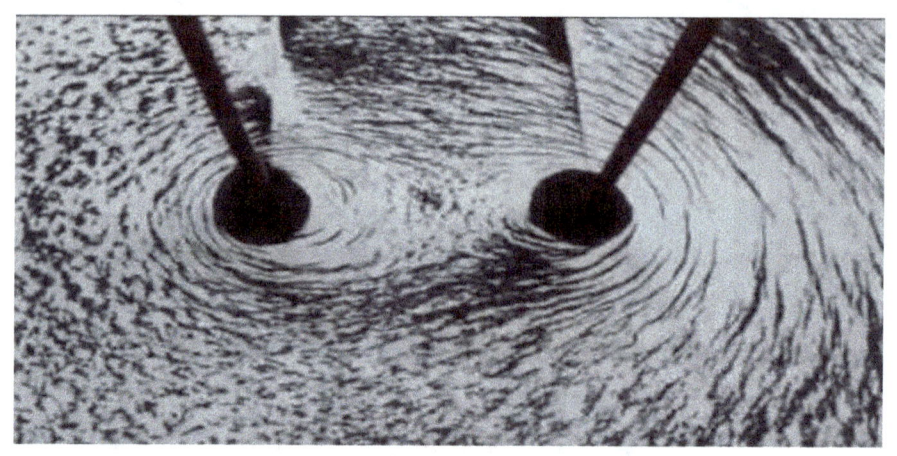

APROXIMACION DE LINEAS MAGNÉTICAS GENERADAS POR CABLES DE CORRIENTES DE DIRECCIÓN CONTRARIA.

En el caso en que la dirección de la corriente generadora de las líneas de fuerza, sean opuestas, lo que se produce es un achatamiento de estas líneas por el lado en que están próximas según vemos en las siguientes figuras

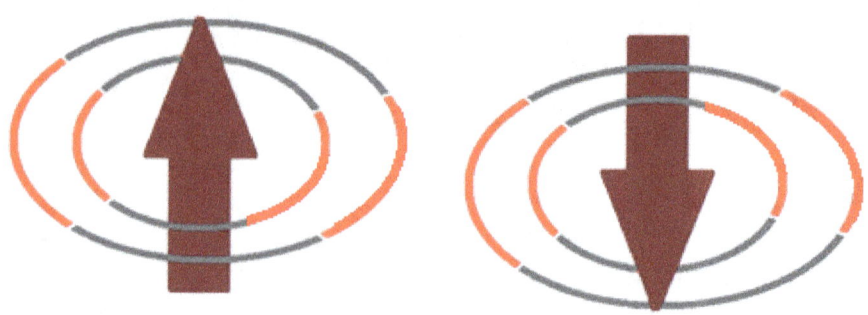

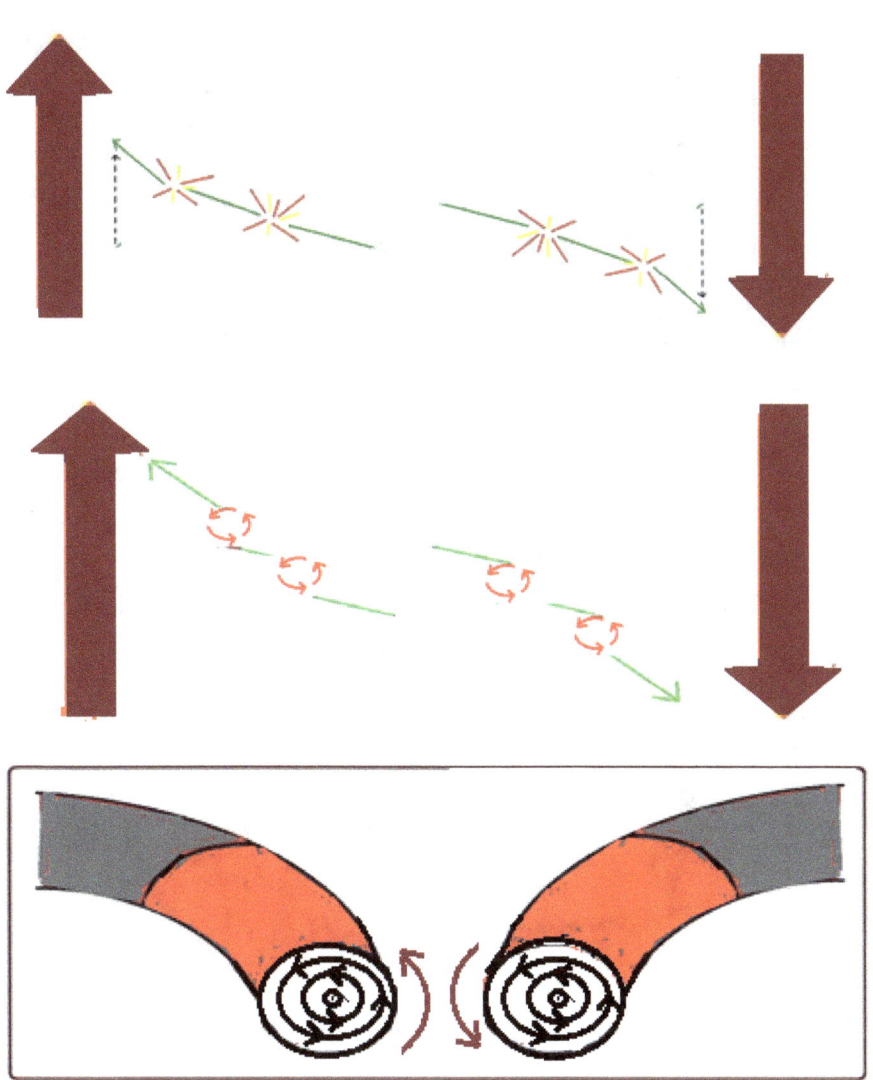

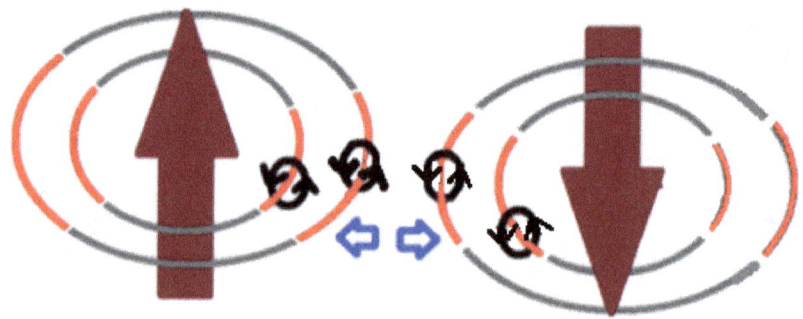

Las líneas de fuerza encaran corrientes de sentido opuesto y se repelen y se achatan comportándose las líneas como imanes que se acercan lateralmente y encaran polos iguales.

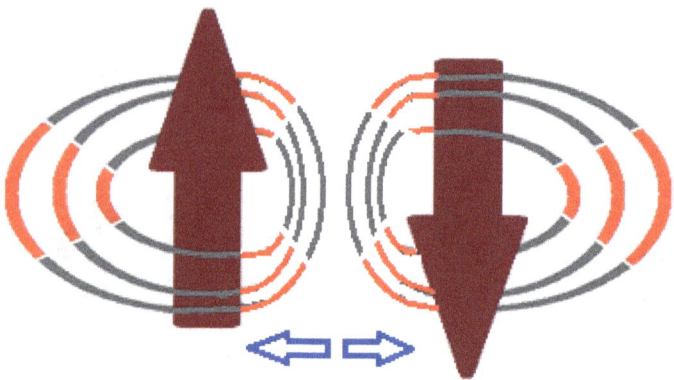

Debido al Efecto Anclaje se repelen los cables entre sí, unido a la repulsión de 2 cables con corriente opuestas.

APROXIMACION DE 2 ELECTROIMANES

CON DIRECCION DE CORRIENTE EN EL MISMO SENTIDO

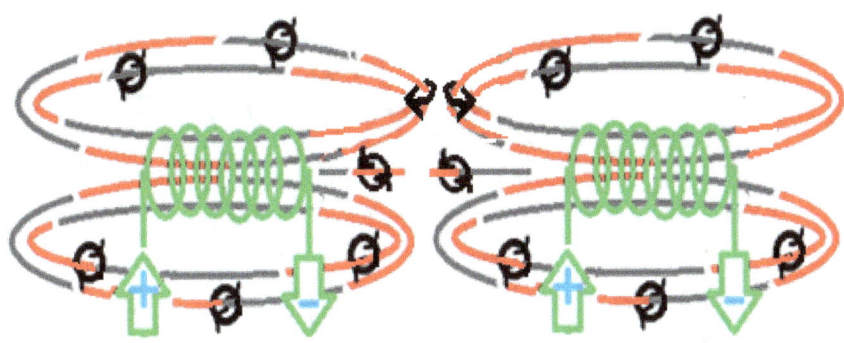

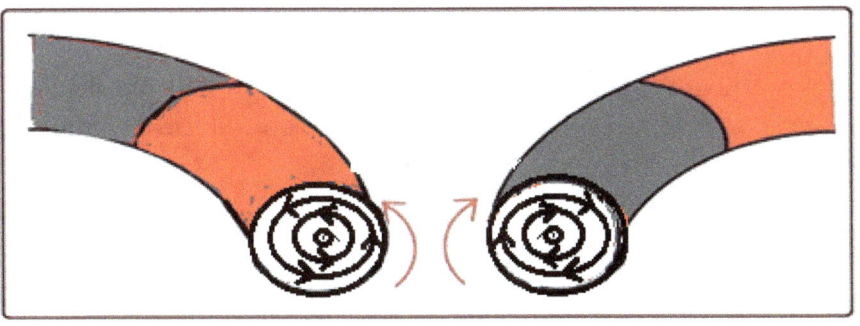

Las líneas magnéticas de los electroimanes mantienen la misma dirección de corriente circular y se atraen y comprimen entre ellas.

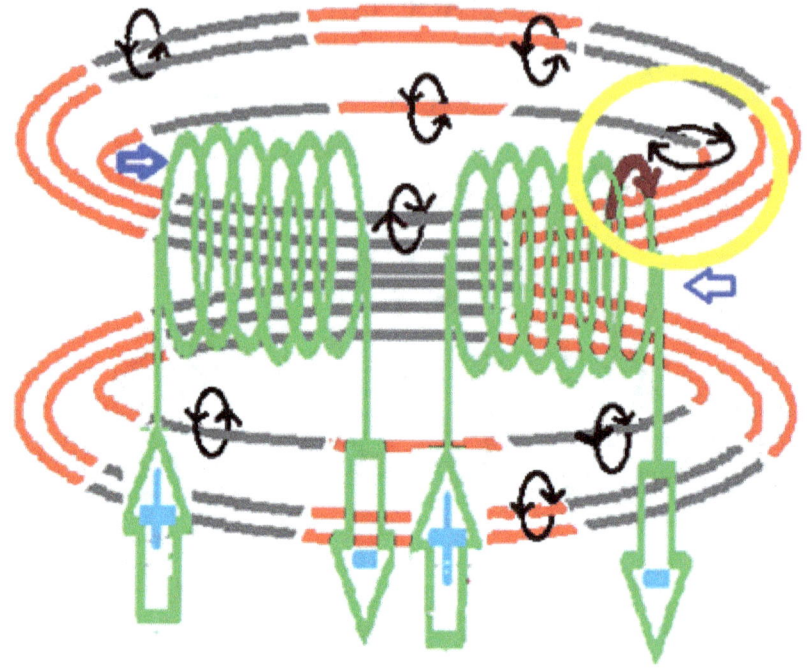

Al comprimirse las líneas, arrastran a los electroimanes atrayéndolos entre sí, debido al efecto anclaje, unido al efecto de atracción de 2 espiras con corriente de la misma dirección.

ELECTROIMANES CON DIRECCION DE CORRIENTE EN SENTIDO INVERSO

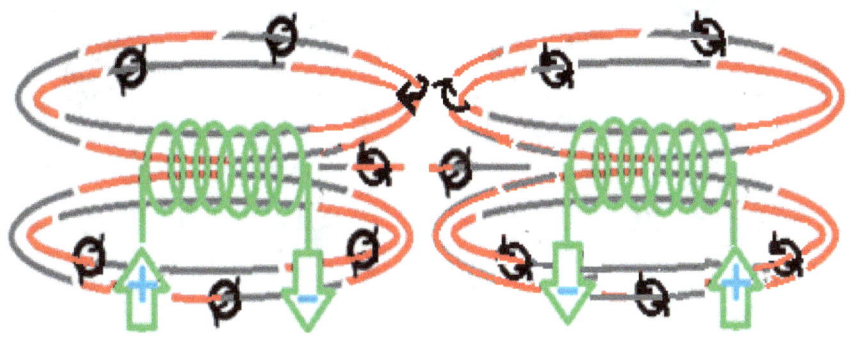

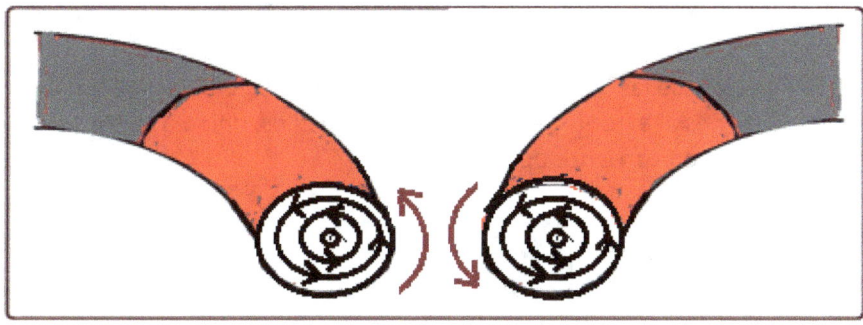

Las líneas magnéticas que se aproximan mantienen una corriente circular de dirección inversa y por tanto se repelen.

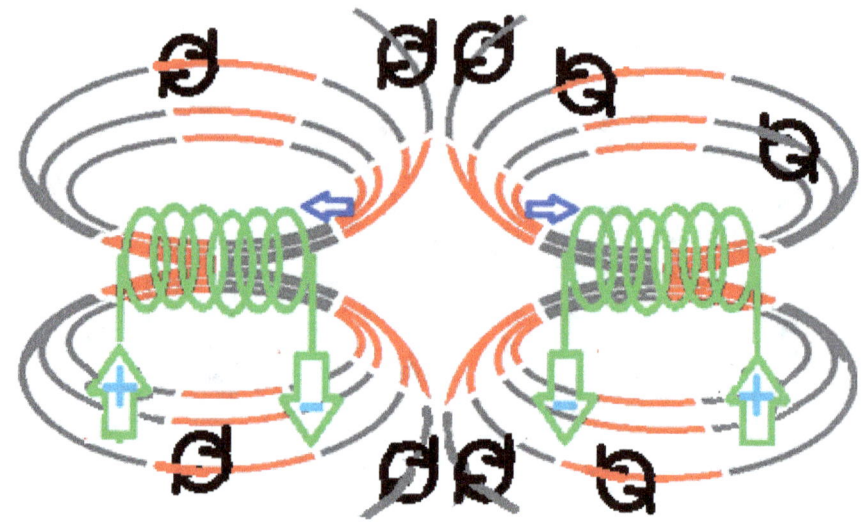

Al repelerse las líneas se achatan y debido al efecto anclaje empujan los electroimanes al exterior, separándolos entre ellos, unido a la repulsión entre 2 espiras con corriente opuesta.

APROXIMACION DE IMANES

POR POLOS OPUESTOS

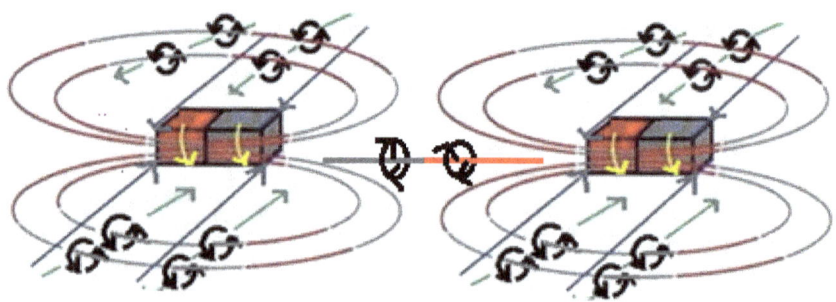

Las líneas encaran corrientes circulares de mismo sentido, comportándose como imanes que se aproximan por polos opuestos; se atraen y penetran las unas con las otras arrastrando a los imanes por el efecto anclaje, atrayéndose ambos.

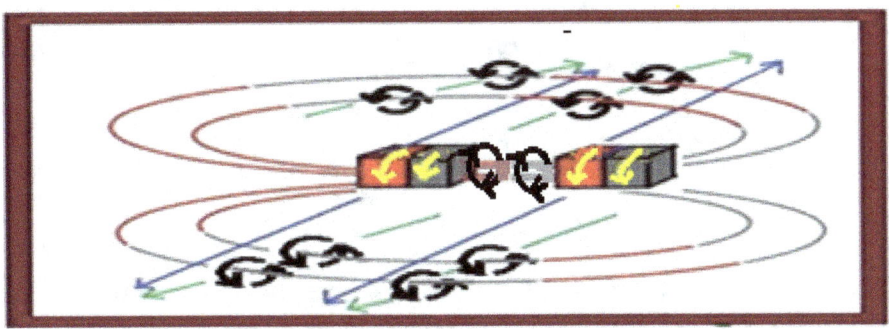

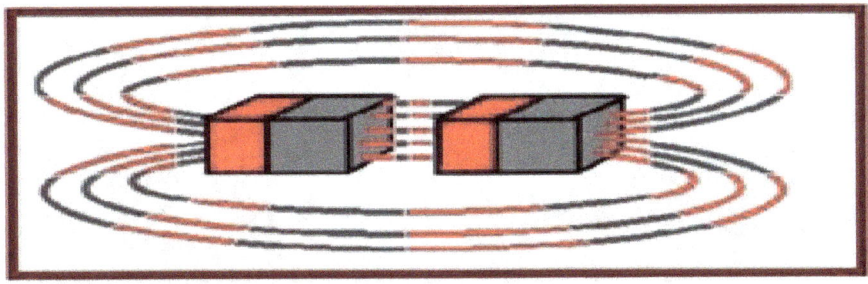

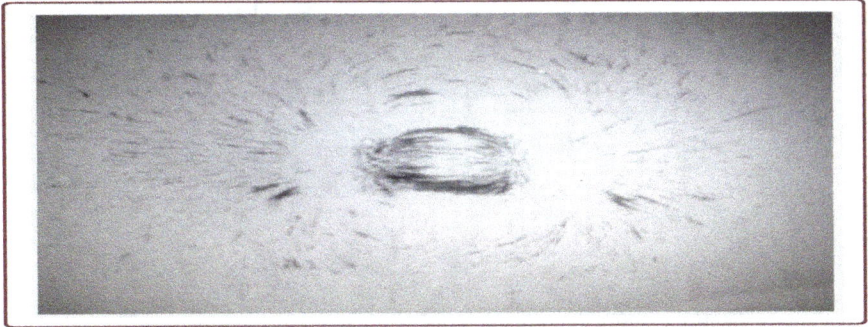

APROXIMACION DE IMANES POR POLOS IGUALES:

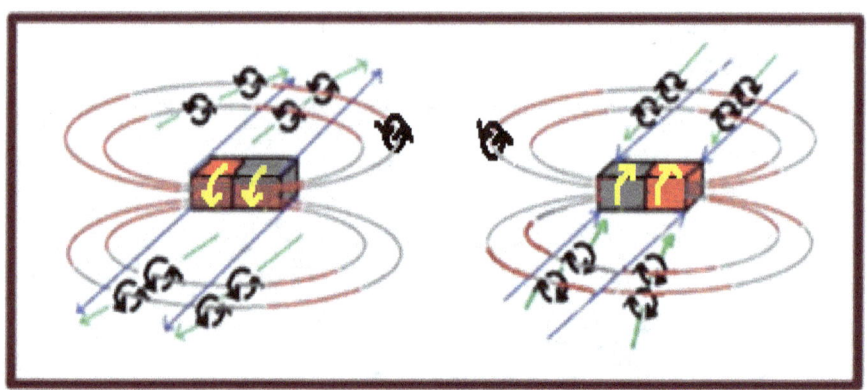

Las líneas de fuerza mantienen corrientes circulares de dirección contraria por su cara de acercamiento y por tanto se repelen.

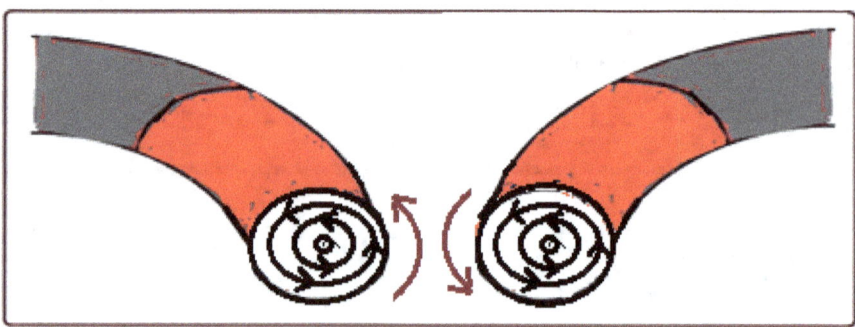

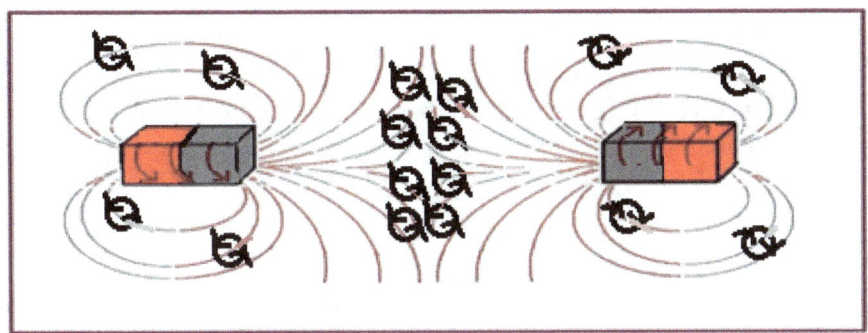

Las líneas se comportan como imanes que se aproximan lateralmente encarando polos iguales., se repelen y se achatan.

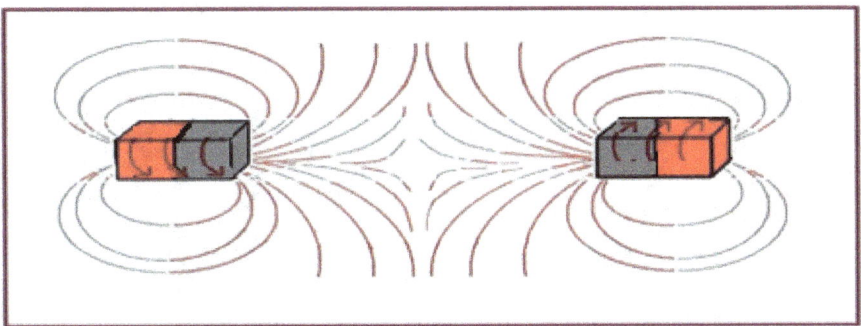

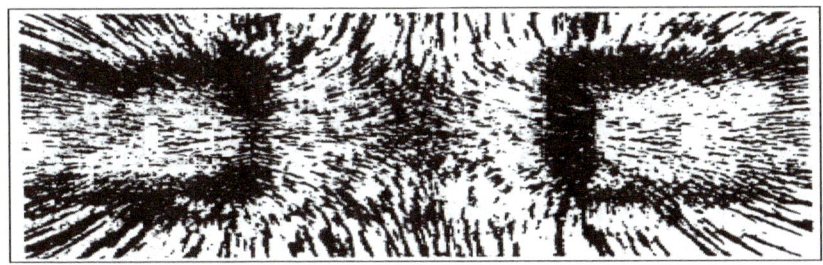

Y debido al efecto anclaje, así como a la repulsión entre espiras con corriente opuesta; los imanes se separan y repelen.

PARTICION DE IMANES

La dirección de las corrientes circulares en las líneas que atraviesan el interior de un imán es la que conforma la polaridad del mismo;

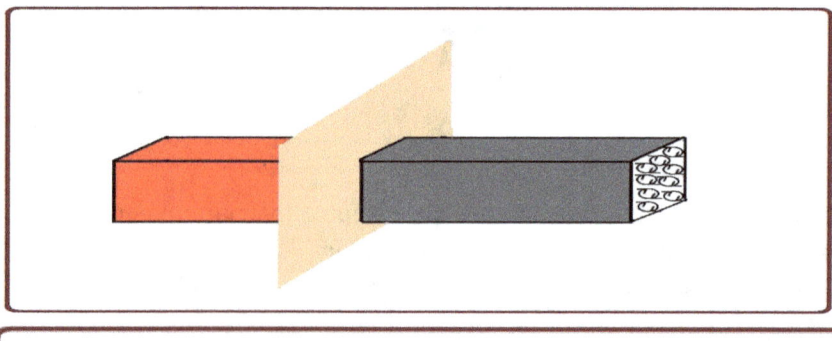

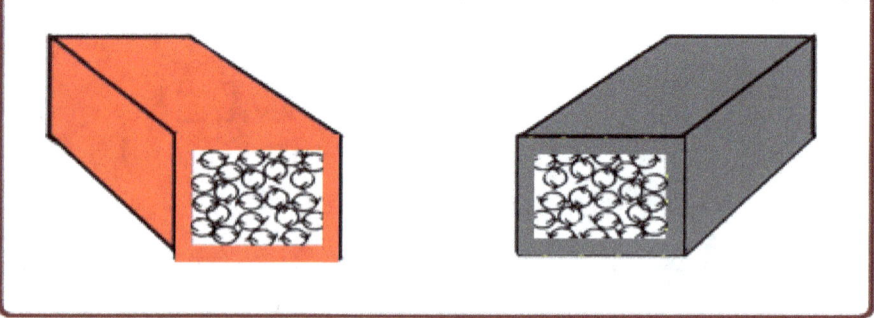

Cada pedazo conservaría la orientación de sus espiras eléctricas internas tras la partición y por tanto cada trozo mantendría la polaridad que tenía inicialmente el imán. Analicemos como interpretaría la concepción clásica de magnetismo el corte en un imán:

La ordenación interna de las corrientes circulares de un imán (arriba) fue sustituida en la concepción clásica de magnetismo por la polarización de los imanes:

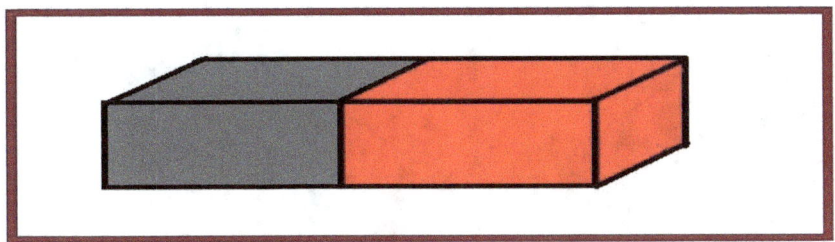

Esta polarización da lugar a equívocos en cuanto a la partición de imanes pues según la lógica de la polarización la partición de un imán daría lugar a la posibilidad de que cada parte cortada conservara su polo

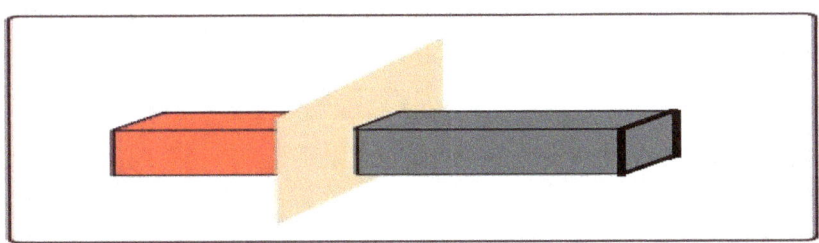

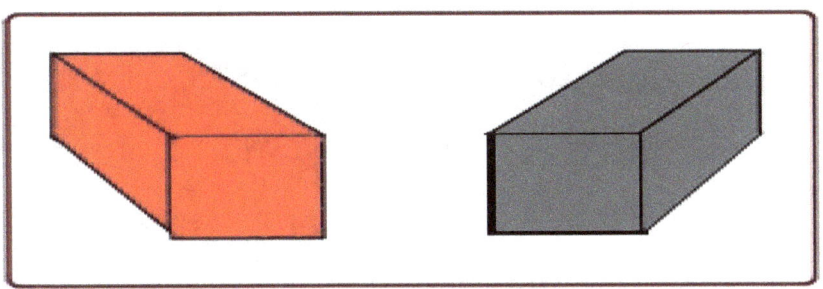

El hecho de que cada parte mantenga sus 2 polos tras la partición constituía hasta ahora un misterio.

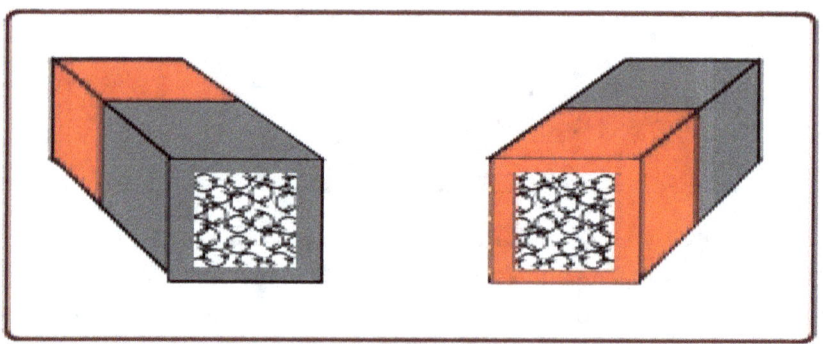

La dirección de las corrientes circulares del imán son las que configuran la polaridad del imán.

PARTICIÓN TRANSVERSAL O PERPENDICULAR A LA DIRECCIÓN DE LOS POLOS:

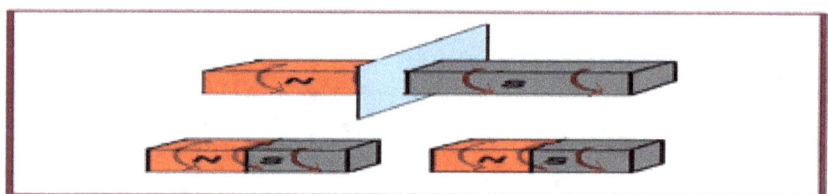

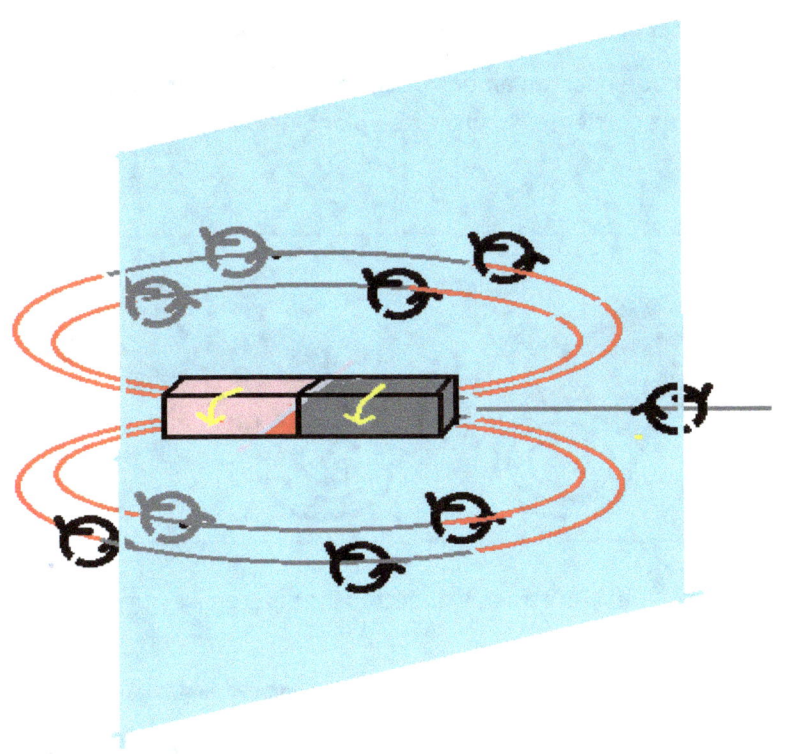
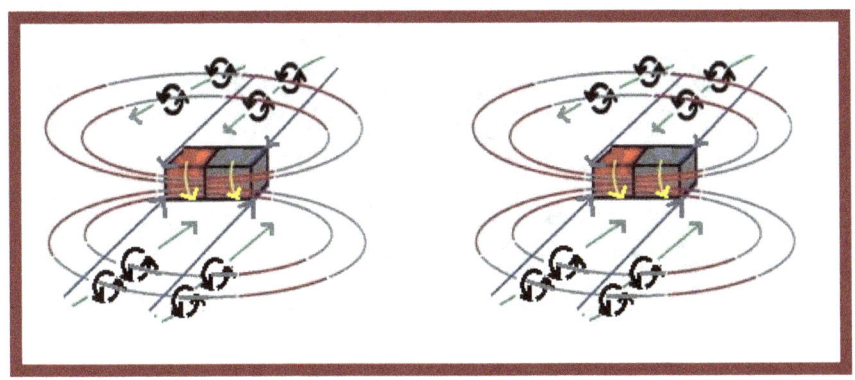

La situación es similar al acercamiento de 2 imanes por polos opuestos:

Las líneas de fuerza que encaran ambos trozos después del corte mantienen la misma dirección de corriente circular en su plano de aproximación:

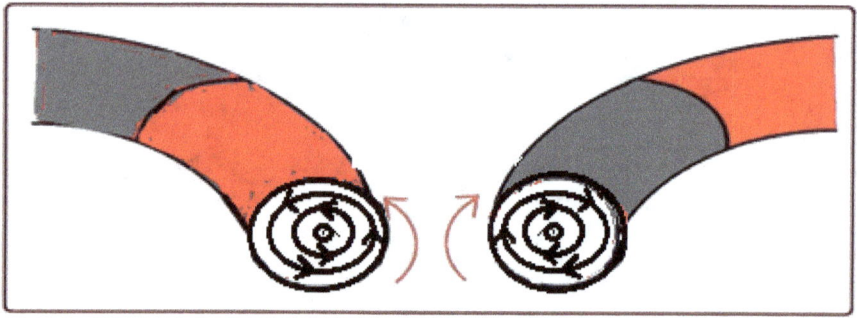

en consecuencia, las líneas se atraen y penetran las unas en las otras comprimiéndose.

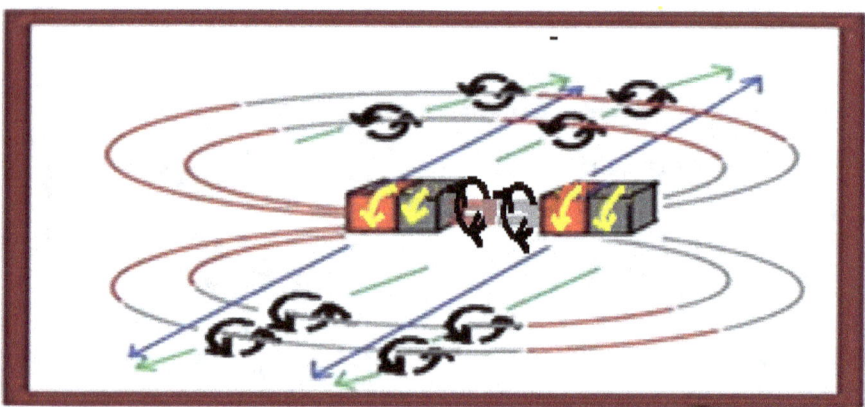

ESPECTRO MAGNETICO:

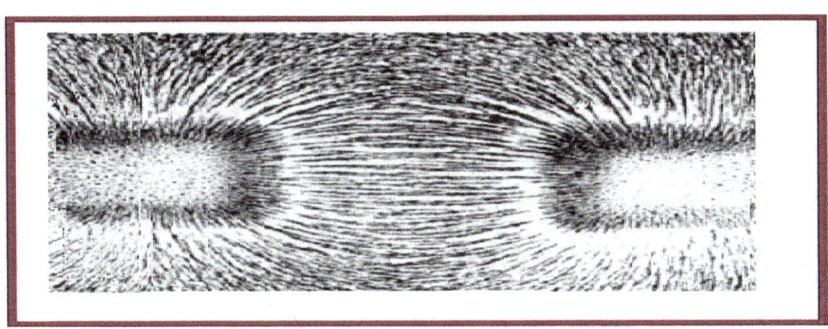

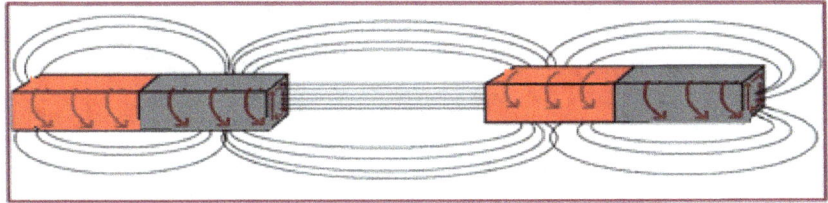

Espectro magnético producido entre ambos imanes.

Si seguimos aproximando los dos imanes:

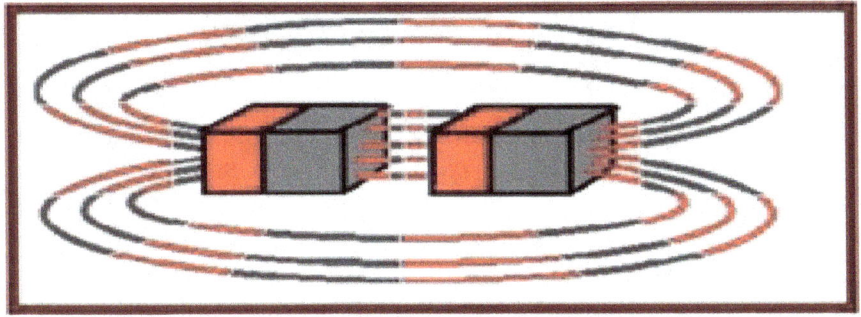

Las líneas se comportan como imanes que se aproximan por los extremos encarando polos opuestos, los imanes se atraen debido al efecto anclaje y debido a la atracción entre espiras con la misma dirección de corriente, hasta juntarse.

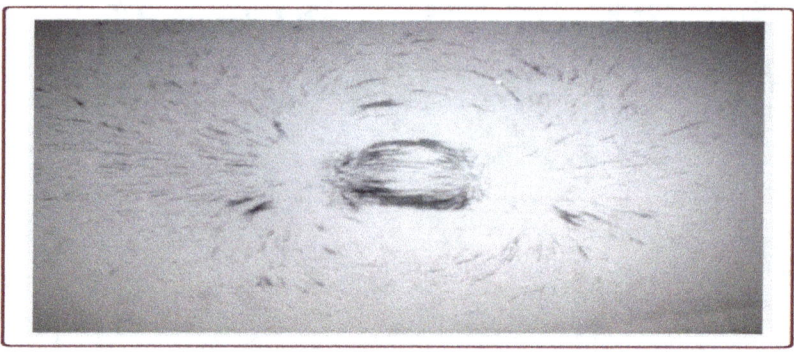

Si volteamos sobre el eje perpendicular a los polos; uno de los pedazos

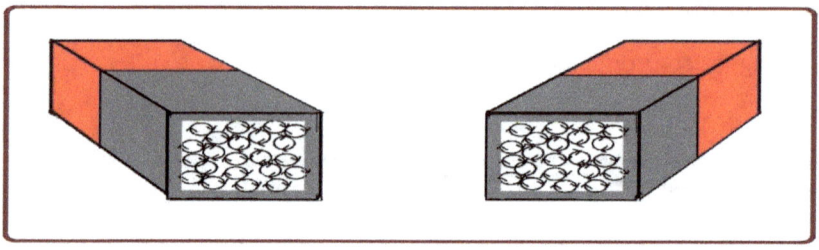

Las líneas de fuerza internas encaran una corriente de dirección opuesta y se repelen.

ESPECTRO MAGNETICO

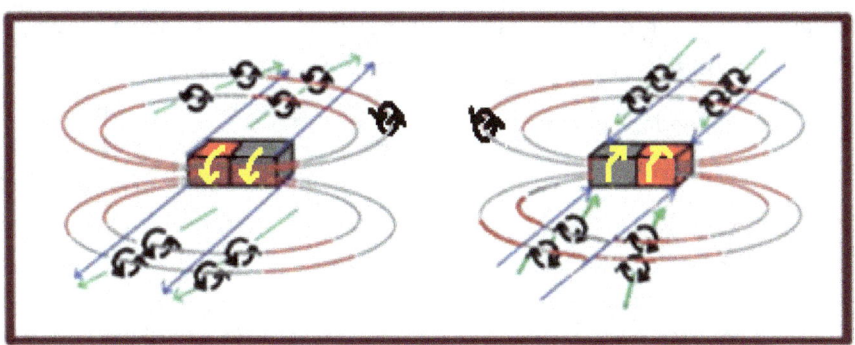

Estamos en la misma situación que al acercar 2 imanes por polos iguales.

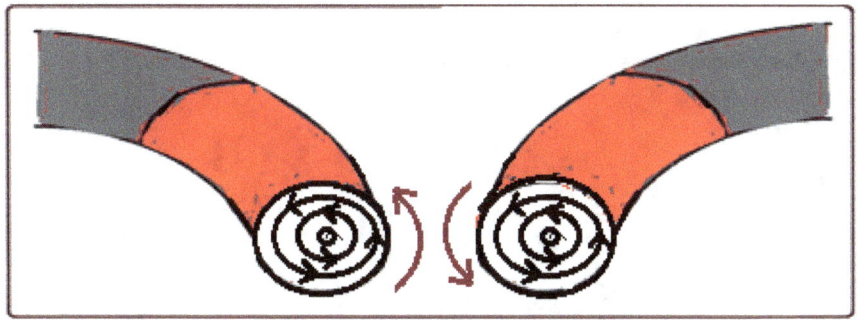

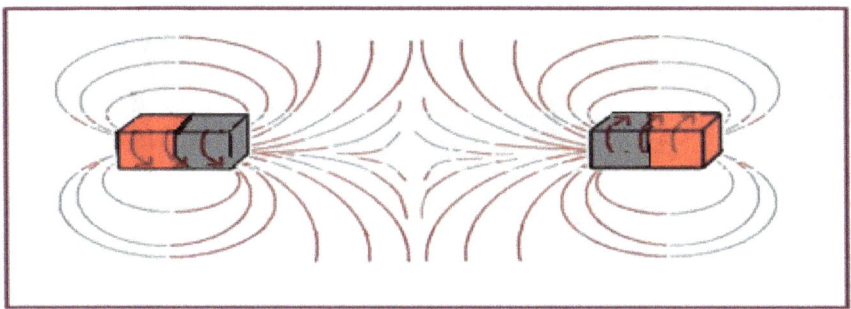

Las líneas se comportan como imanes que se aproximan lateralmente por polos iguales y se achatan, los imanes se repelen por el efecto anclaje y por el efecto de repulsión entre espiras con corriente opuesta.

Si colocamos un pedazo encima del otro:

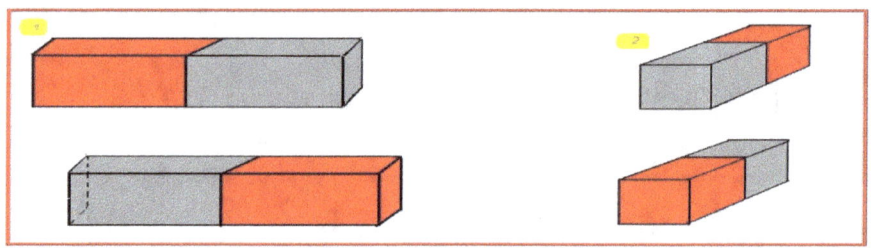

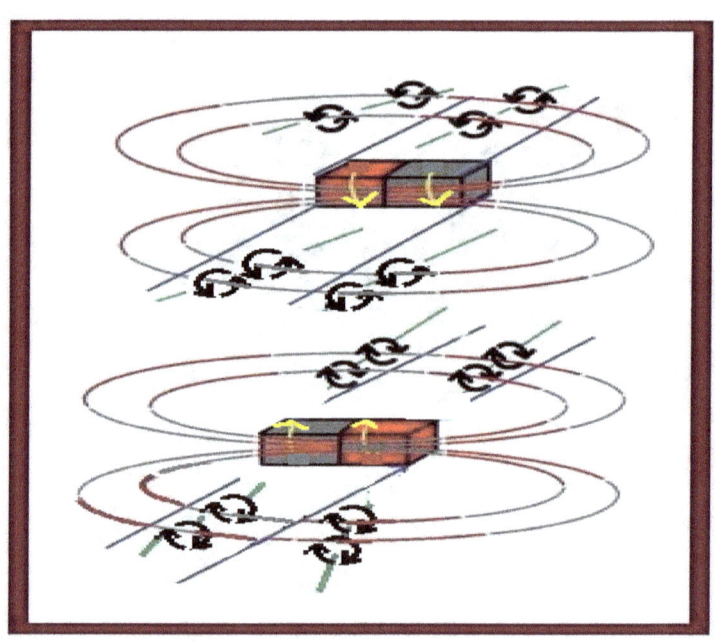

las líneas magnéticas presentan corrientes iguales por la cara de acercamiento.

El espectro que se forma es el siguiente

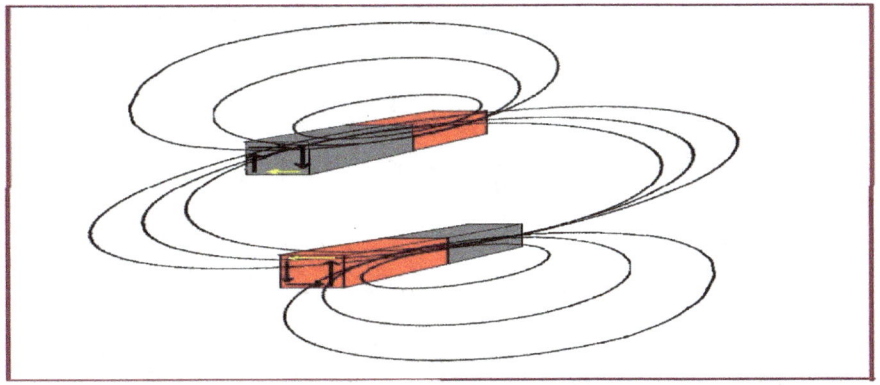

Las líneas magnéticas se comportan como imanes que se aproximan por polos opuestos se atraen y se comprimen.

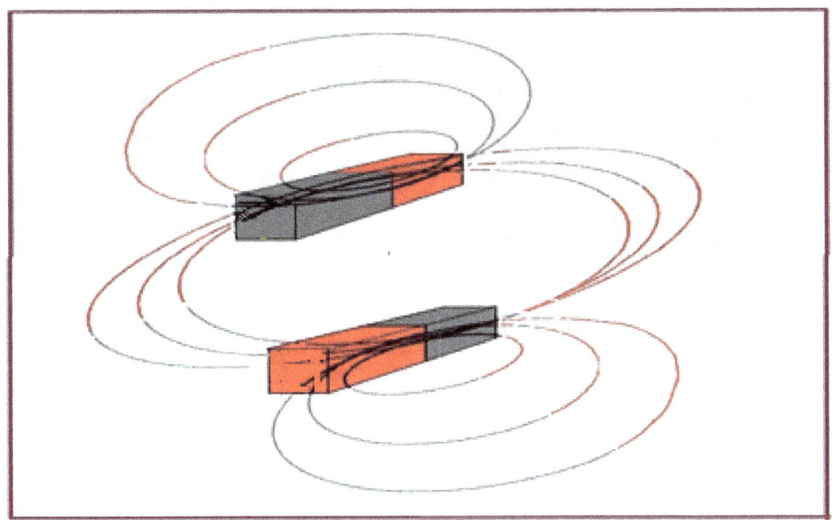

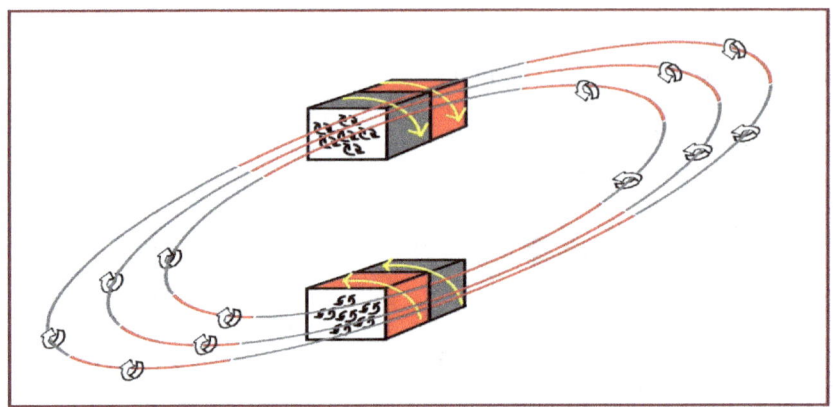

Debido al efecto anclaje y a la atracción de dos cables de corriente en paralelo con la misma dirección; se atraen los imanes.

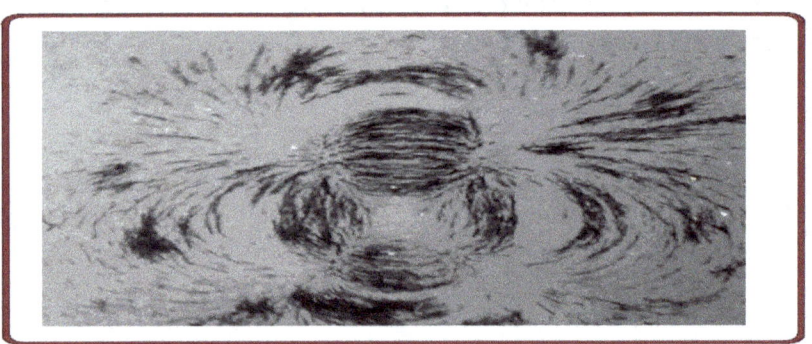

PARTICIÓN LONGITUDINALMENTE O PARALELA A LA DIRECCIÓN DE LOS POLOS.

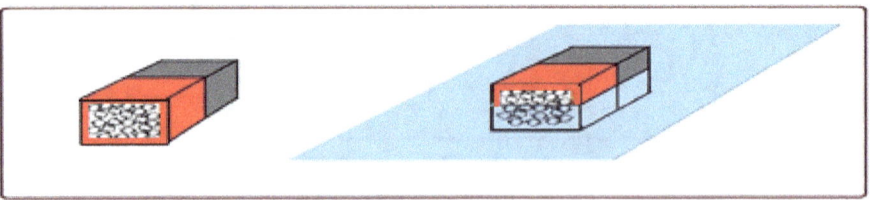

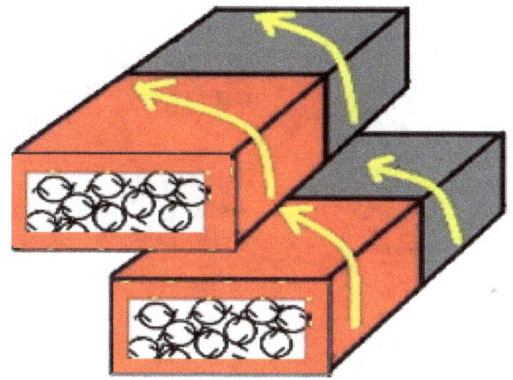

Estudiemos a continuación el espectro magnético que se forma

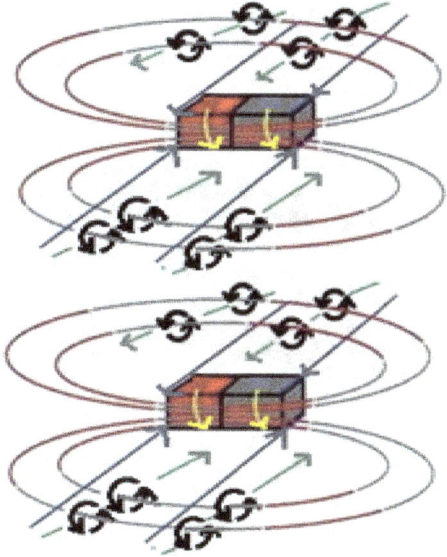

Las líneas magnéticas que se forman con cada pedazo encaran corrientes circulares de opuesta dirección:

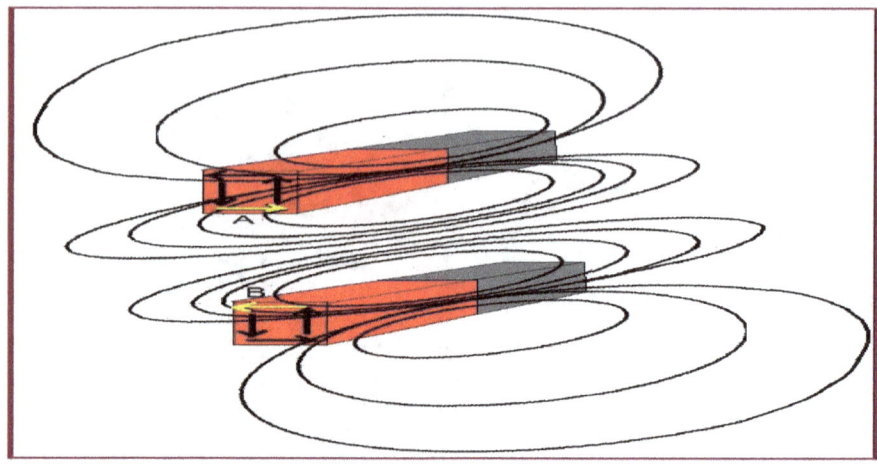

Las líneas de fuerza formadas entre las caras fracturadas se repelen y achatan al comportarse como imanes que se aproximan lateralmente por los mismos polos.

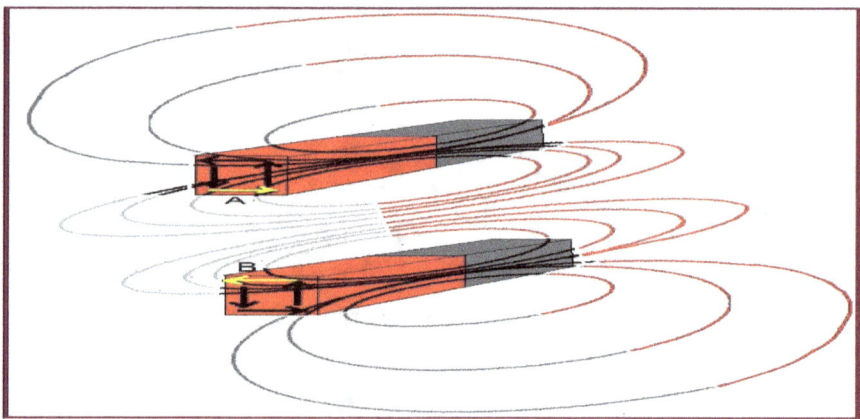

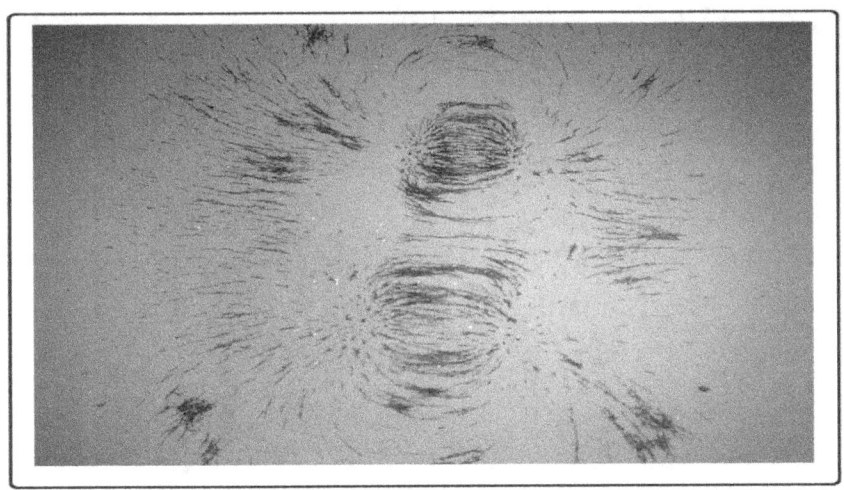

Debido al efecto anclaje y a la repulsión de 2 cables con corriente opuesta; ambos imanes se repelen.

PARTICION DE ELECTROIMANES

PARTICION TRANSVERSAL

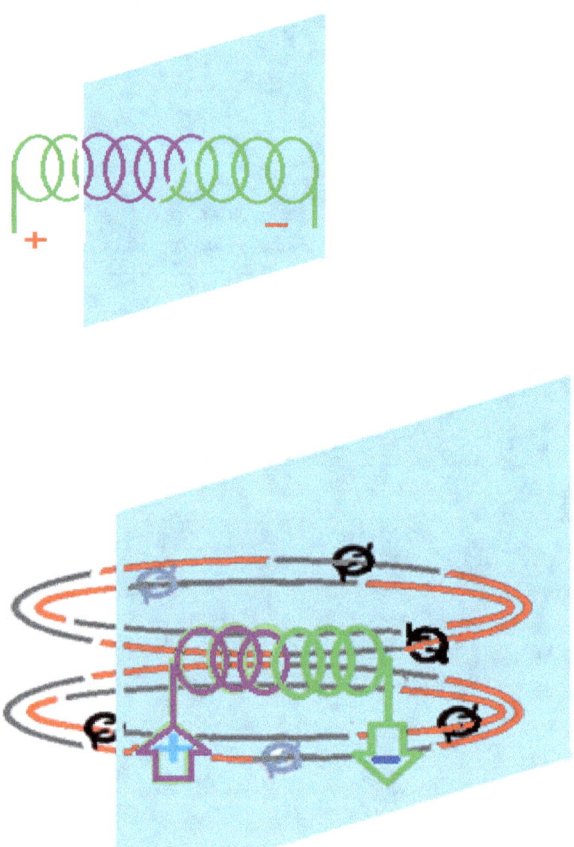

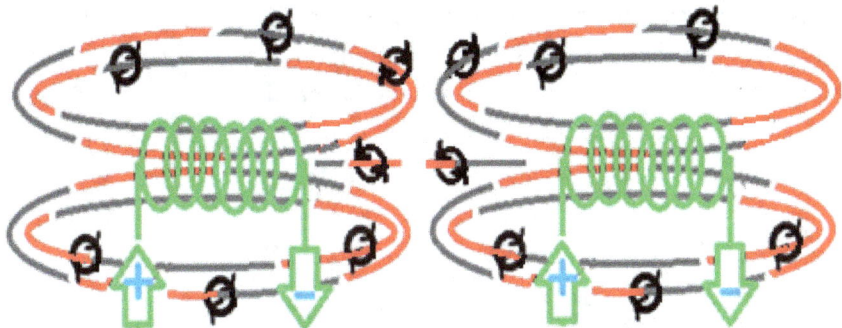

 Al partir un electroimán y mantener la dirección de corriente anterior en ambas partes; las líneas magnéticas que se aproximan mantienen corrientes circulares del mismo sentido y por tanto se comportan como imanes que se aproximan por polos opuestos.

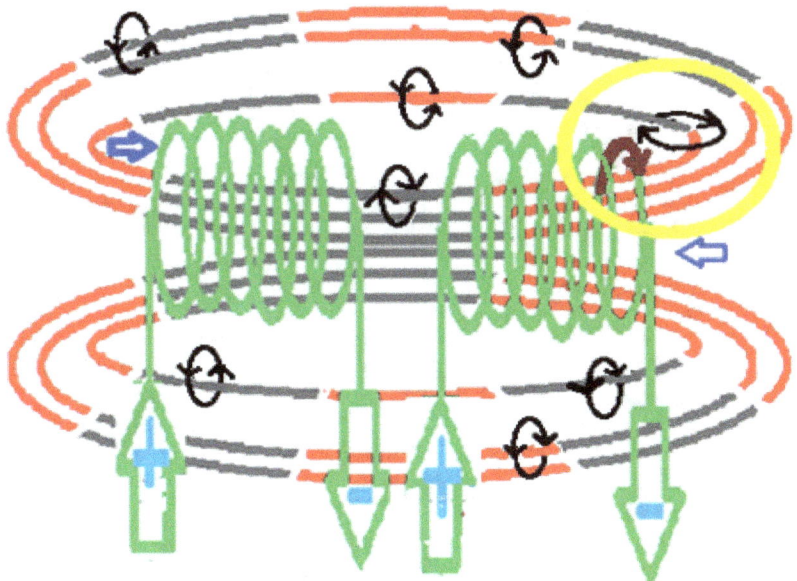

Las líneas exteriores e interiores se atraen y comprimen entre ellas y debido al efecto anclaje ambos electroimanes se atraen, unido al efecto de atracción entre 2 espiras con corrientes de la misma dirección.

PARTICION LONGITUDINAL

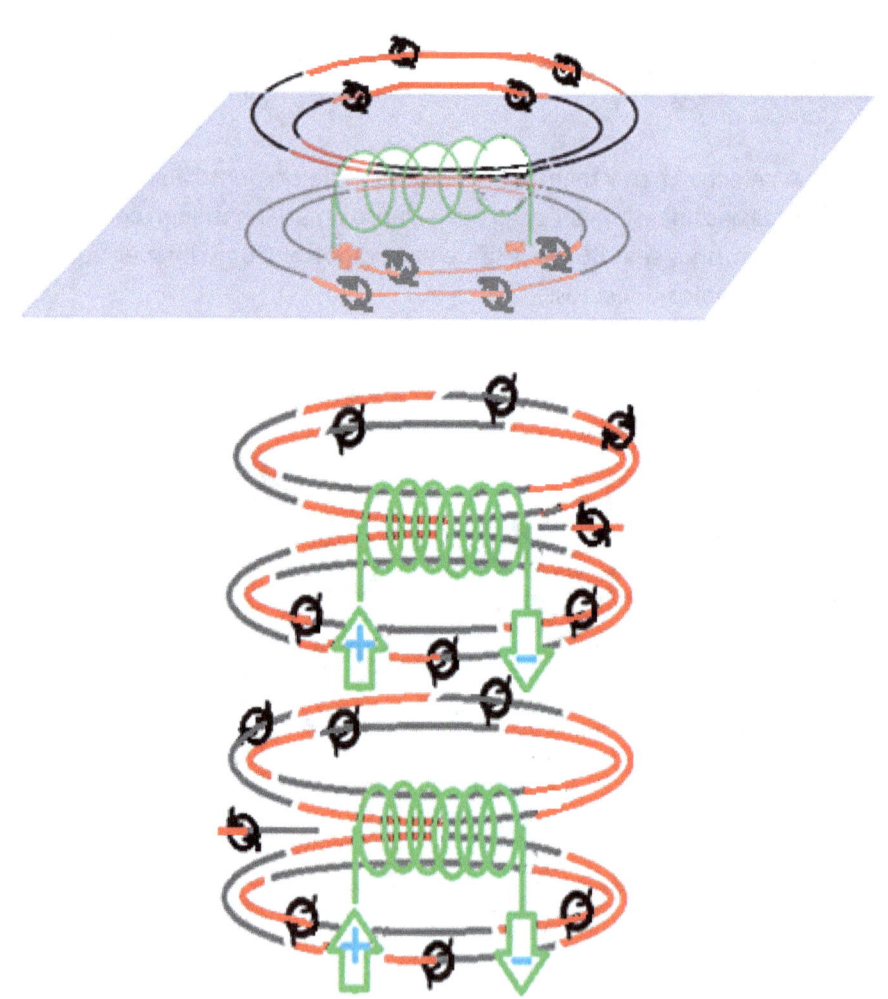

Tras la partición ambos electroimanes mantienen la misma dirección de corriente (+ -) y las líneas magnéticas que se aproximan de ambos encaran corrientes en sentido contrario, las líneas se achatan al comportarse como imanes que se aproximan lateralmente por polos iguales.

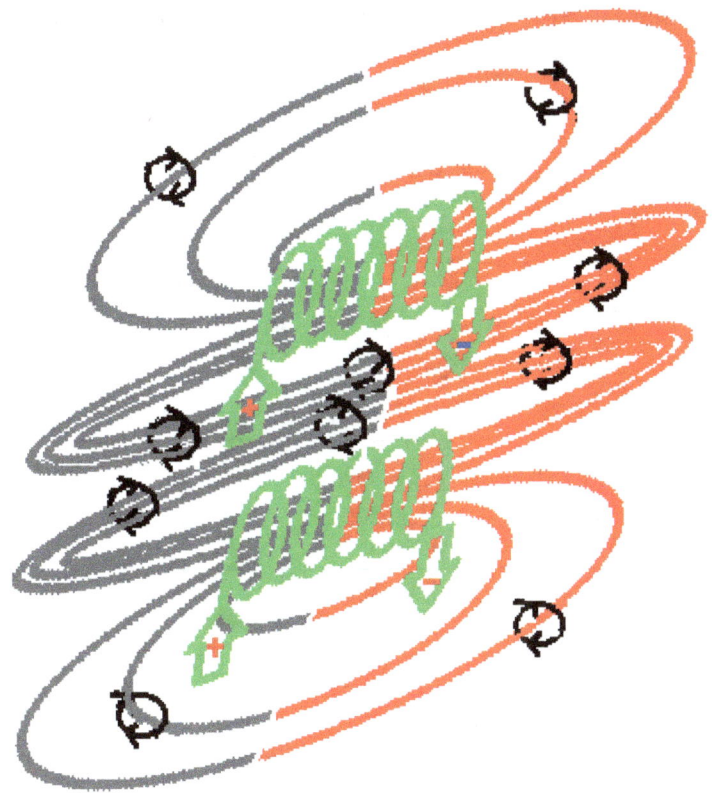

Y debido al efecto anclaje ambos electroimanes se repelen, unido al efecto de repulsión entre 2 espiras con corrientes de dirección contraria.

11 INDUCCION ELECTRICA

La inducción eléctrica se produce por el desplazamiento de las líneas de fuerza magnética a lo largo de un cable conductor y viceversa:

En la imagen vemos el efecto de un campo magnético sobre un cable conductor provocando espirales eléctricas en los puntos de cruce del cable con las líneas de fuerza magnética.

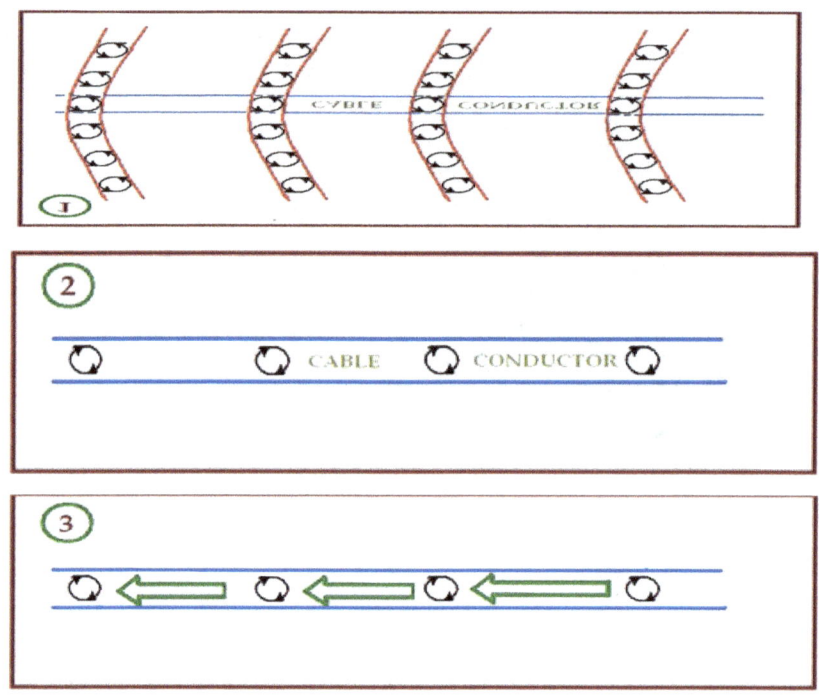

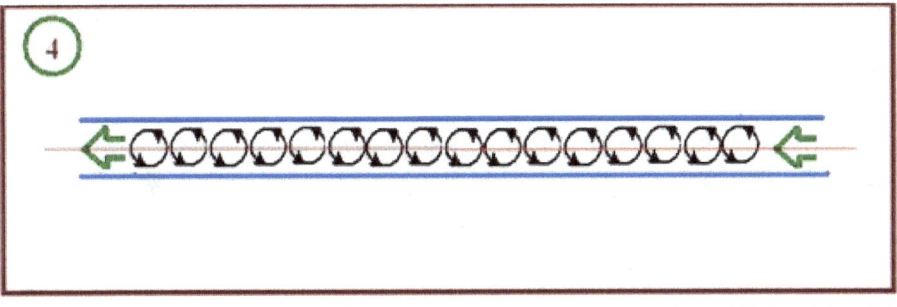

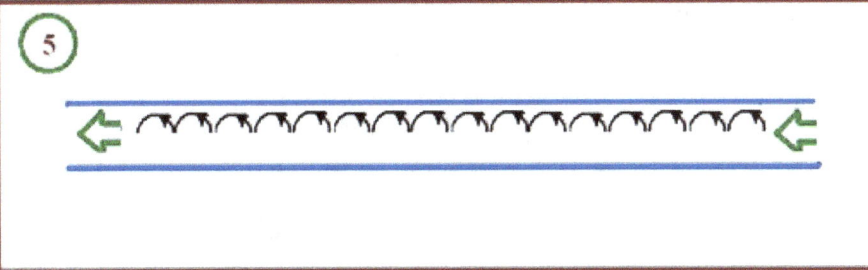

Las espirales de las líneas de campo magnético al moverse por un tramo del cable conductor provocan el desplazamiento de electrones por ese tramo hasta que llega la siguiente línea de fuerza magnética al inicio del mismo tramo y vuelve a impulsar con su movimiento los electrones, produciéndose así el flujo de electrones impulsados por la llegada de las líneas de fuerza que actúan como si fuesen las palas de una noria, impulsando los electrones de palada en palada.

En las figuras 4 vemos un esquema con los flujos de círculos eléctricos desplazándose, y en la figura 5 si seleccionamos la parte superior de los círculos vemos más gráficamente el flujo de corriente eléctrica final.

12 ORDENACION MOLECULAR EN EL INTERIOR DE UN IMÁN

El imán típico es un imán de acero. El acero no es ningún elemento ni formula química, sino que es una aleación de hierro y carbono, es decir, que ni el Carbono ni el Hierro se juntan entre ellos. Analizamos una de las formas de cristalización del carbono:

Que es el diamante.

Si observamos en detalle un diamante, podemos apreciar cientos de estructuras piramidales en su interior. El diamante mantiene esta estructura que es el reflejo de cómo combina internamente sus átomos de carbono para formar una molécula de carbono que cristalice. Un diamante es un cristal transparente de átomos de carbono enlazados tetraedralmente que cristaliza en la red de diamante.

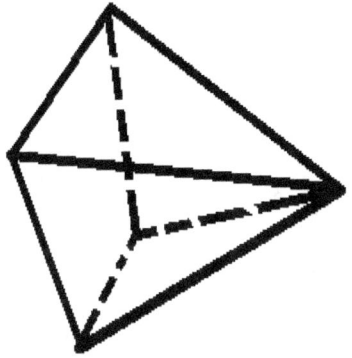 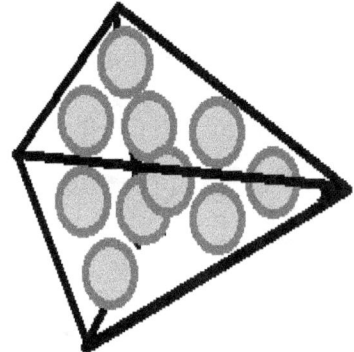

Aquí tenemos una representación de una molécula de carbono.

Observamos que la molécula con forma piramidal es asimétrica y contiene mayor número de átomos de carbono en la zona de la base que en el vértice de la pirámide.

Al tener mayor número de átomos en la zona de la base contiene también mayor número de electrones en la base que en el vértice. La molécula de carbono, padece un exceso de electrones por un lado y defecto por el otro lado.

La aleación del acero compuesta por átomos de hierro "Fe" (en negro) y a su alrededor apreciamos electrones (en amarillo) que se mueven libres junto a moléculas piramidales de carbono desordenadas.

atomo de hierro
electron
molécula de carbono

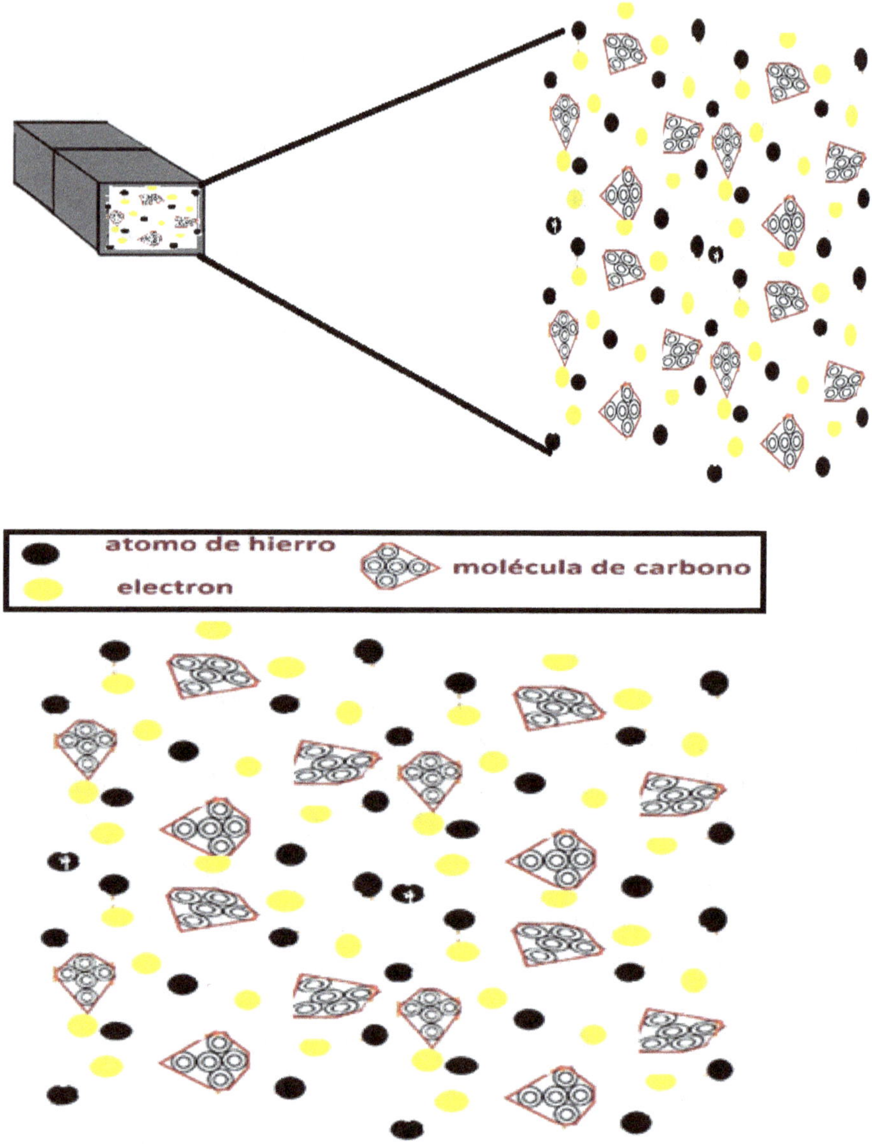

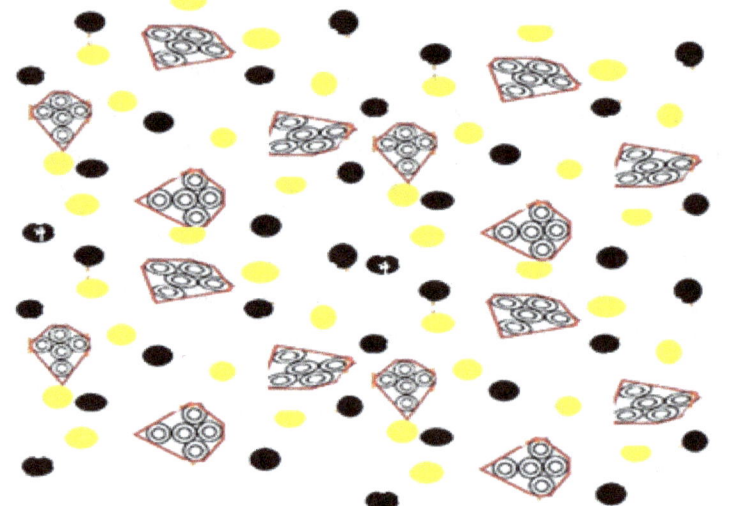

La molécula de Carbono forma dipolos eléctricos debido al exceso de electrones por un lado y defecto de electrones por el otro.

En la imagen anterior vemos una representación del acero no magnetizado en el que las moléculas de carbono están orientadas sin orden y a su alrededor están los electrones libres que deja el hierro, de la aleación.

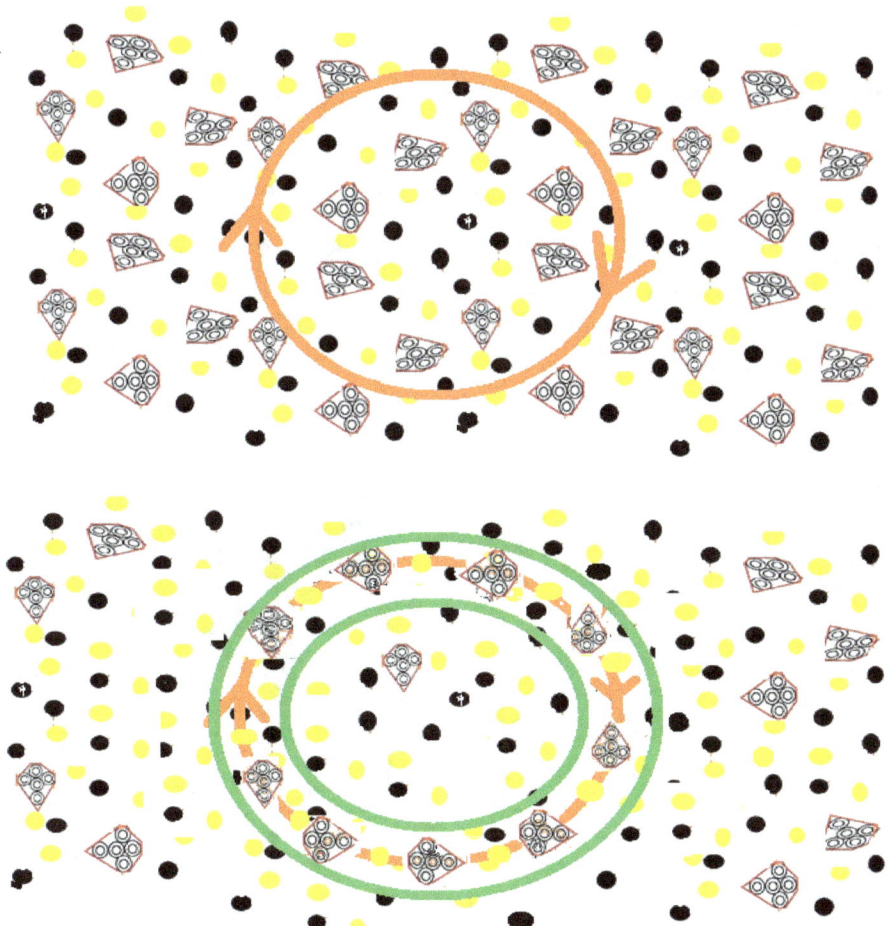

El acero con las moléculas de carbono desordenadas, es sometido a imantación mediante la proximidad de un electroimán.

El interior del acero se ve afectado por una corriente circular proveniente de una línea magnética del imán.

Las moléculas de carbono en el interior del hierro se orientan colocando su lado con carencia de electrones hacia la dirección de la corriente de la línea magnética.

Tras el proceso el acero altera la disposición de sus moléculas de carbono en la dirección de la línea magnética.

El acero queda finalmente magnetizado por esa línea magnética.

Provocando un fluir de electrones libres, cuyo motor sería las citadas moléculas de carbono, que tomarían electrones de su lado con carencia y los soltarían por el lado opuesto. Provocándose así las corrientes circulares de las líneas magnéticas.

Queda claro que el magnetismo no es un proceso atómico o de electrones despareados, como propugna la mecánica cuántica sino más bien un proceso "molecular y macroscópico" explicable con la mecánica clásica.

12 1 LA MAGNETITA

¿Por qué la magnetita es magnética? Todo campo magnético es consecuencia de un flujo circular de electrones. La magnetita, tiene dos diferentes tipos de hierro con diferente carga eléctrica cada uno, esta situación puede generar dipolos en la molécula de magnetita y corrientes circulares a nivel molecular.

Composición química

$$Fe_3O_4 \ (FeO \ 31\%. \ Fe_2O_3 \ 69\%)$$

de todas maneras, si observamos la cristalización de la magnetita apreciamos que lo hace en forma piramidal de la misma manera que lo hace también el carbono.

13 TEORÍA CUÁNTICA DE MAGNETISMO:

La teoría cuántica describe que el magnetismo se origina en el movimiento de los electrones en los átomos de los materiales ferromagnéticos. El espín del electrón actúa como un pequeño imán. En la mayoría de los materiales estos efectos se anulan unos átomos con otros, pero el hierro, níquel y cobalto son excepciones.

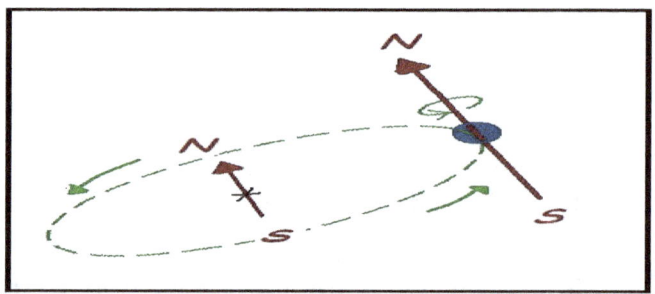

El electrón en su viaje alrededor del núcleo mantiene un espín sobre sí mismo (rotación) que provoca magnetismo junto al espín alrededor del núcleo que hace que el átomo se comporte como un solenoide enrollado en torno a un núcleo.

El giro de los electrones sobre el núcleo atómico convierte a cada átomo en un imán independiente. Si todos los átomos se alinean y sus electrones giran en el mismo sentido provocan la magnetización de un material.

Como vemos la teoría "cuántica", interpreta el movimiento de los electrones en el átomo como si fuese una corriente eléctrica que produce magnetismo, pero si la magnetización fuera a nivel atómico (como afirma la teoría cuántica) en vez de a nivel macroscópico

Además, la teoría cuántica rebaja los efectos de una corriente eléctrica hasta el nivel atómico, sin embargo, no concuerda con otro principio cuántico hoy en día generalmente aceptado, nos referimos a las orbitales de Schrödinger .

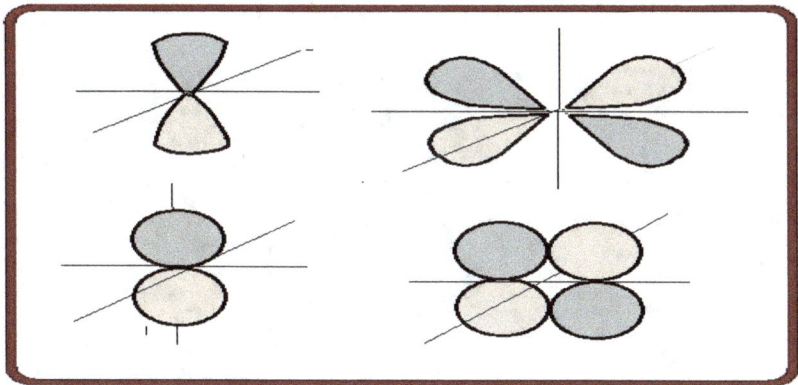

En el dibujo vemos que los electrones al seguir el camino de los orbitales no circundan el núcleo atómico.

14 LEY DE LORENZ

COMPORTAMIENTO DE LAS PARTICULAS CARGADAS EN LA CAMARA DE BURBUJAS

En la imagen superior vemos las trayectorias en espiral de las partículas cargadas al colisionar en la cámara de burbujas a la vez que son sometidas al influjo de un campo magnético.

Lorentz estudió estas trayectorias y formuló las leyes de Lorentz para estas trayectorias, y aunque confeccionó las fórmulas que describían el rastro dejado por las partículas, nunca explicó por qué las partículas cargadas se comportaban así.

El gran problema existente es el hecho de que si una partícula con una carga determinada al iniciar su trayectoria espiral, sigue una dirección; al terminar la espiral sigue una dirección contraria, lo cual no es lógico para una misma carga que no cambia de signo, pero que sin embargo cambie de dirección.

Vamos a tratar aquí de la razón por la que estas partículas siguen estas trayectorias espirales.

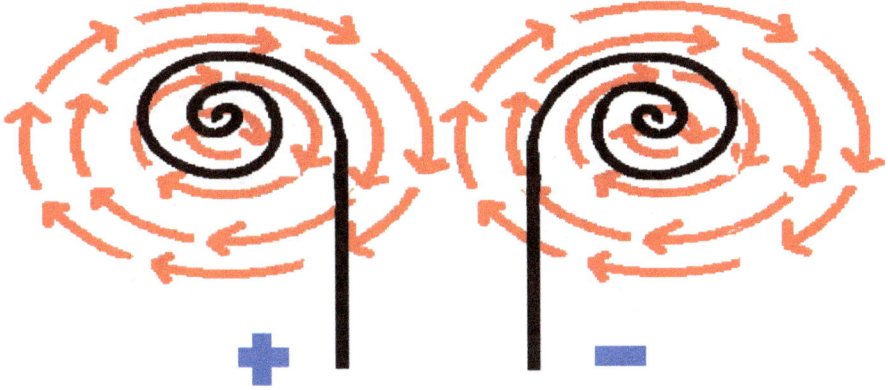

Las partículas cargadas atraviesan líneas magnéticas y se comportan de manera diferente según su carga;

Tras la colisión; la trayectoria rectilínea de la partícula cargada, en su camino va encontrando líneas de campo magnético con sus espiras eléctricas con corrientes de electrones moviéndose;

Para entender el proceso debemos comprender que una partícula con carga positiva en su afán de captar electrones seguirá un camino inverso al de la dirección de los electrones de la espira, mientras que una partícula cargada negativamente, en su afán de evitar esas corrientes circulares de electrones seguirá la misma dirección de la espira.

La inercia de la partícula va perdiendo fuerza según se va curvando en dirección a las corrientes circulares de las líneas, la curva se va cerrando y enroscando con la perdida de inercia.

Las de carga positiva se enroscan en una dirección y las de carga negativo en torno a la contraria. Luego las trayectorias en espiral es el producto de la aplicación de 2 fuerzas, una es la inercia y velocidad inicial de la partícula y la otra es la carga eléctrica de la misma.

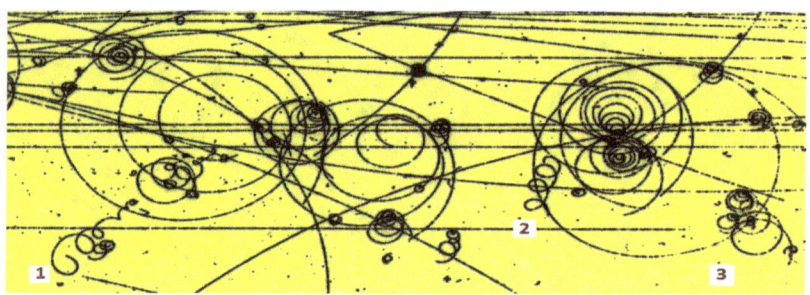

Las espirales 1, 2,3 parecen no seguir el plano de la línea magnética y la razón es que el plano de la espiral depende también de la dirección e inercia que cogió la partícula inicialmente en la colisión.

MAGNETISMO TERRESTRE GENERADO SIN NECESIDAD DE GEODINAMO

MAGNETISMO TERRESTRE

En general el magnetismo Terrestre puede generarse por:

1 imán permanente:
El Geomagnetismo no puede generarse por un imán permanente porque éste se ve afectado por el calor del núcleo, ya que el calor desmagnetiza los imanes permanentes.

2 efecto Dinamo: (Un conductor enrollado entorno a un imán al rotar a su alrededor, produce una corriente eléctrica que genera un campo magnético

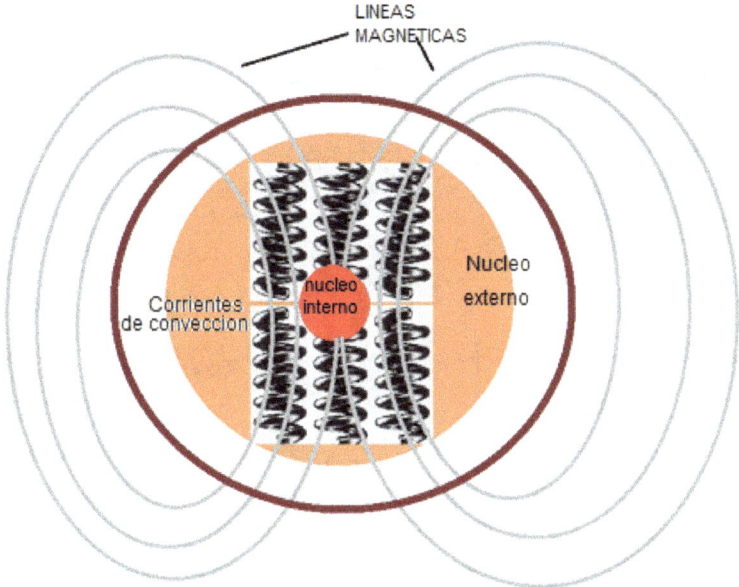

Las corrientes de convección en el núcleo externo rotan entorno a un campo magnético preexistente, y es muy difícil explicar cómo se formó el campo magnético preexistente. Y cómo las Corrientes de convección rotan alrededor del mismo, de la misma manera que sería necesario unificar el efecto de todas las corrientes de convección en un único imán Terrestre.

3 corriente eléctrica

Empecemos con un campo magnético generado por un cable con Corriente eléctrica:

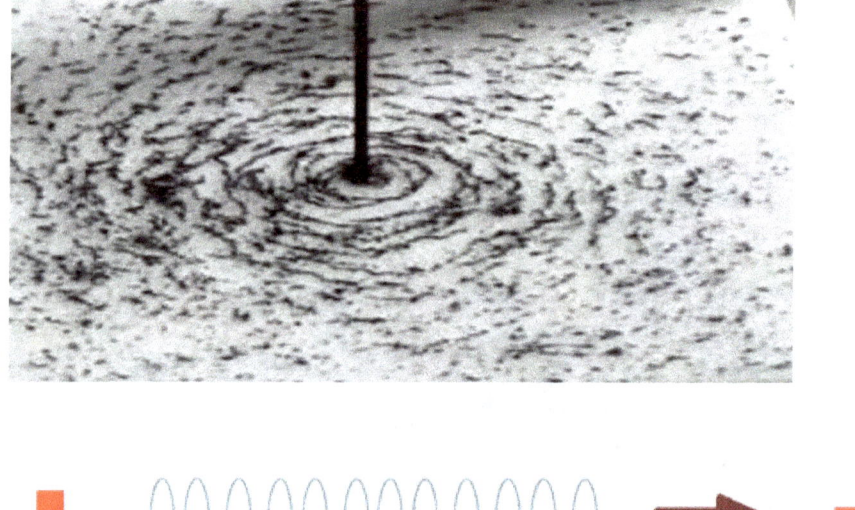

Para entender cómo se produce el geomagnetismo por una Corriente eléctrica, debemos considerar el núcleo externo de la Tierra como una corriente de metal líquido cargado que se comporta como el fluir de la electricidad por un cable de corriente eléctrica.

¿Pero puede el fluir de un metal líquido cargado producir magnetismo?

Para responder a esta cuestión miremos estas fotos del campo magnético generado en el Sol por el fluir del plasma solar: (Fotos de la NASA en el programa de Televisión "El Universo, Los Secretos del Sol".

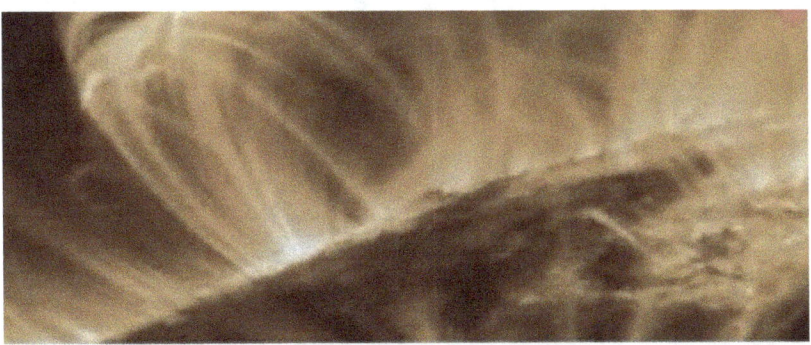

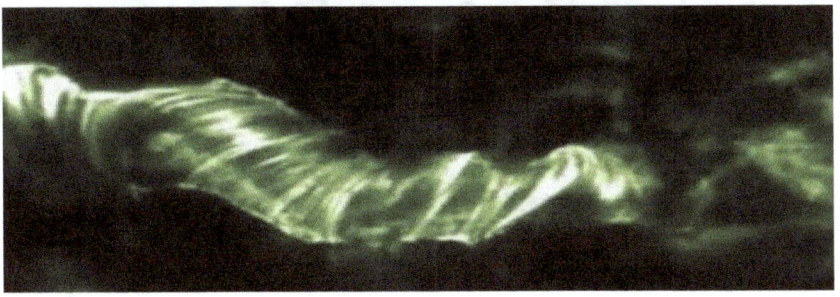

Hay una similitud entre el campo magnético generado por un cable de Corriente eléctrica y el generado por el fluir del plasma solar.

 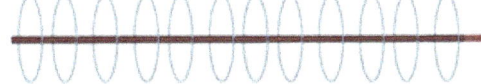 

Como pasamos del campo magnético producido por el flujo del plasma solar cargado al campo magnético producido por La Tierra:

Si torcemos un cable de corriente eléctrica:

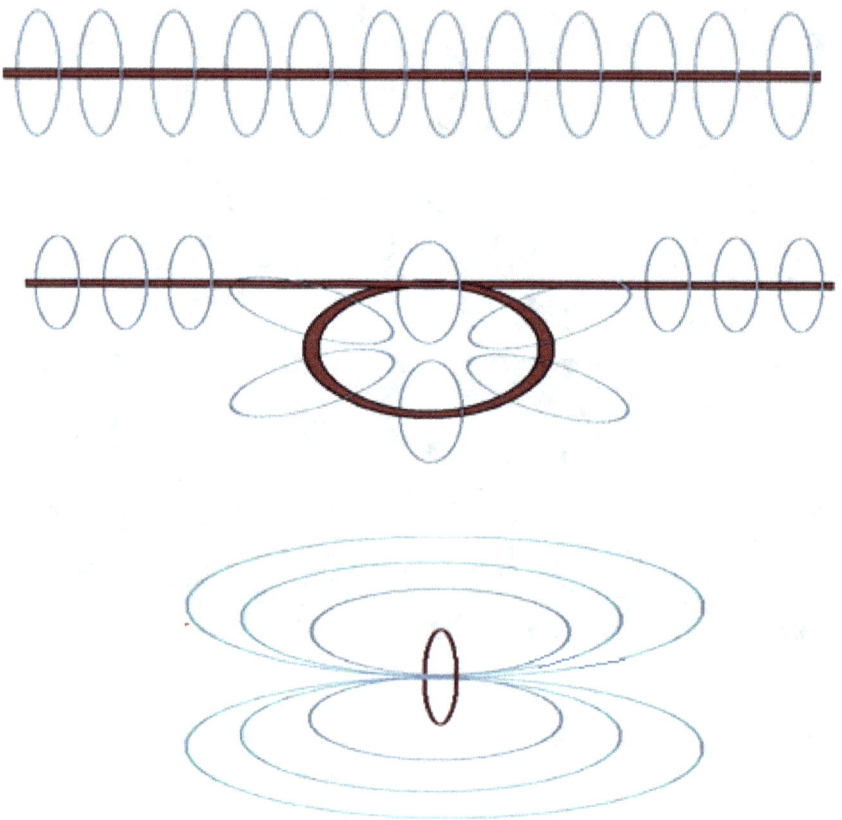

Aquí tenemos el campo magnético producido por una espira de corriente.

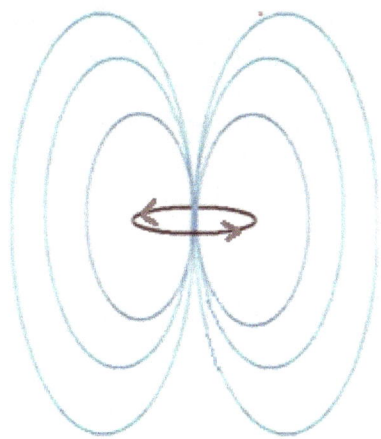

Vista horizontal del campo magnético de una espira de corriente.

Si el flujo de metal líquido en el núcleo externo de la Tierra es rotatorio, obtenemos un campo magnético similar al de una espira de corriente.

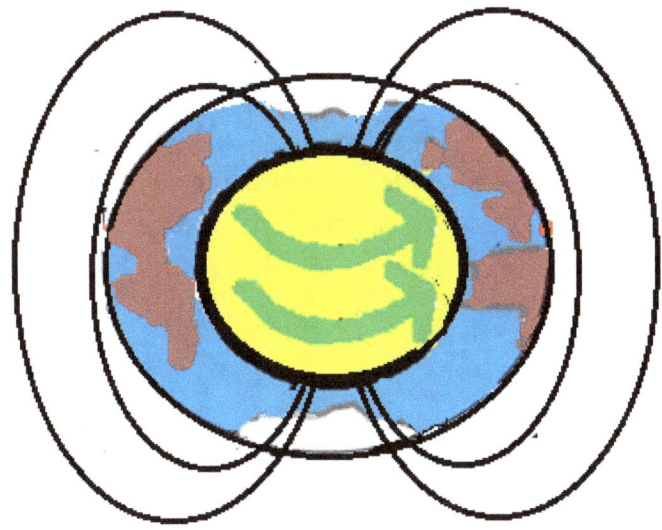

Debido a la rotación de la Tierra, el metal líquido del núcleo externo de la Tierra (Hierro y Níquel) mantiene una rotación inercial.

Pero ¿cómo puede cargarse este metal líquido?

HIPOTESIS DE CARGA POR FROTAMIENTO

Aunque no hay que descartar el efecto termoeléctrico como origen de la carga (efecto Seebeck), la hipótesis aquí tratada es la de carga por fricción.

Cuando frotamos dos materiales neutros, ambos quedan cargados, uno con carga positive y otro con carga negative, así que al separarlos ambos quedan cargados con cargas opuestas.

El manto de la Tierra se frota con el núcleo metálico exterior y debido a la fricción, los electrones del Manto se transfieren al núcleo exterior de la Tierra, de tal manera que el manto queda cargado positivamente y el núcleo exterior negativamente.

El fluido metálico del núcleo externo una vez cargado al rotar, produce el mismo efecto que una espira eléctrica.

Para que ocurra este efecto el giro del Núcleo externo no puede estar sincronizado con el giro del Manto y la Corteza de la Tierra, estas rotaciones tienen que ser asincrónicas.

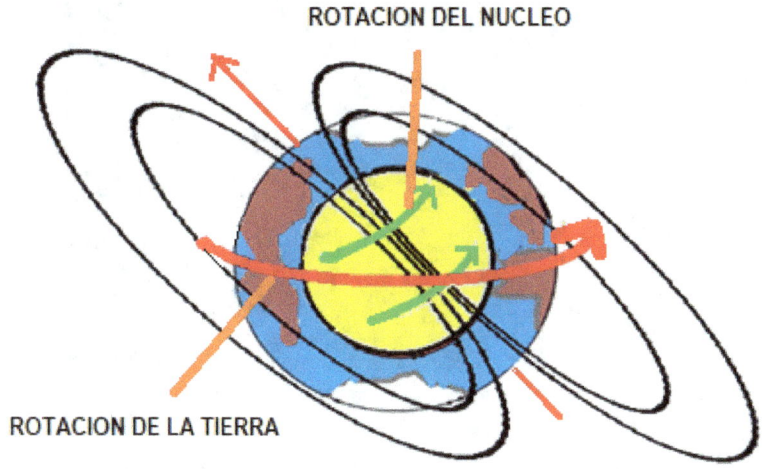

Esta asincronía es producida por la diferente densidad entre el manto y el núcleo externo.

¿CÓMO PROBAR QUE EL CAMPO MAGNETICO DE LA TIERRA PUEDE PRODUCIRSE POR UNA CORRIENTE CIRCULAR DEL FLUIDO METALICO DEL NÚCLEO?

En las siguientes imágenes las corrientes de plasma solar crean un campo magnético de tamaño similar al de un planeta.

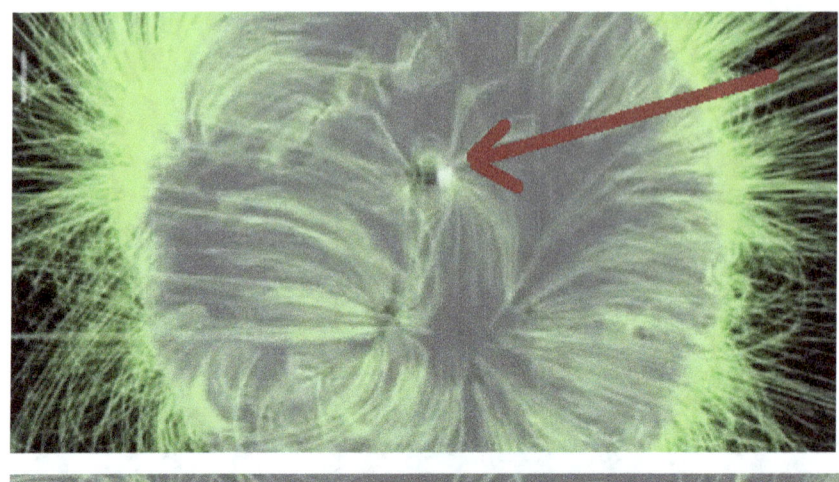

El movimiento circular del plasma solar crea un campo magnético similar al campo de la Tierra.

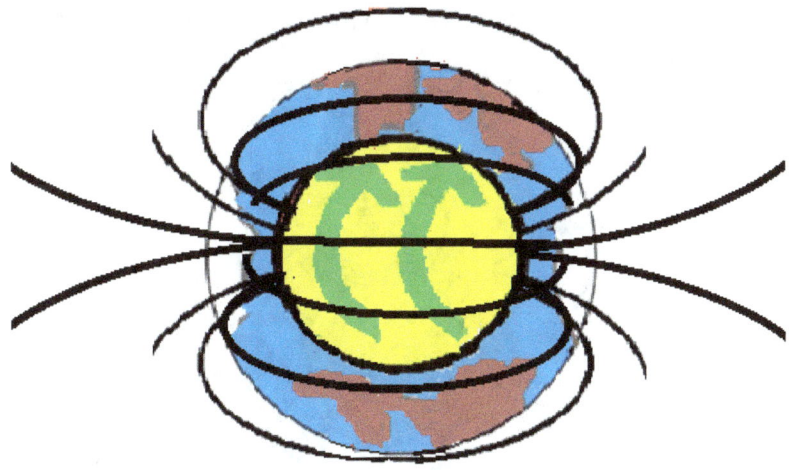

¿Como puede la rotación de líquido metálico de la Tierra crear un campo magnético homogéneo:

La Corteza y el Manto de la Tierra rotan a una determinada velocidad y arrastran al núcleo haciéndole rotar, pero éste como tiene mayor densidad, rota más despacio que el manto y ambos no rotan en sincronía, este asincronismo es lo que produce la carga del Núcleo metálico externo.

La manera en que rota el Núcleo actúa como un todo uniforme y su carga eléctrica también es como un todo uniforme lo que da al Núcleo un campo magnético homogéneo en vez de crear un campo magnético caótico.

El campo magnético creado por la Corriente del plasma solar es la prueba de que el Geomagnetismo puede producirse de manera similar a la que produce el fluir de una corriente eléctrica por el cable conductor, sin necesitar de acudir al efecto Geodynamo.

HIPÓTESIS DE DESPLAZAMIENTO DE LOS POLOS MAGNÉTICOS:

Debido al movimiento del fluido del Núcleo externo, los polos magnéticos están siempre cambiando.

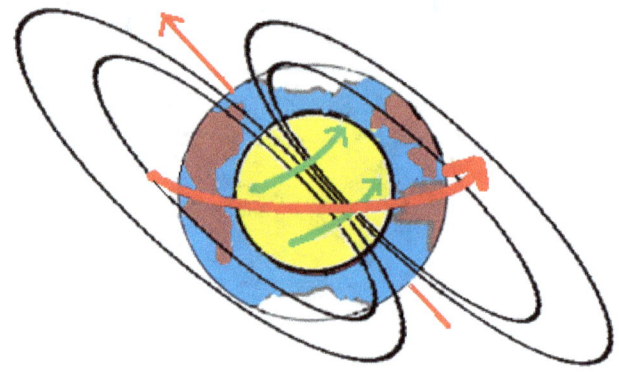

El Núcleo Terrestre mantiene un movimiento diferente (líneas verdes) en relación a la rotación de la Tierra (líneas rojas), esta diferencia respecto a la dirección y velocidad es necesaria para la carga por fricción del Núcleo externo.

Esta diferencia en la rotación entre el Manto y el Núcleo es la causa de la Declinación Magnética.

La hipótesis es: el núcleo está cambiando su plano de rotación en la dirección de las agujas del reloj.

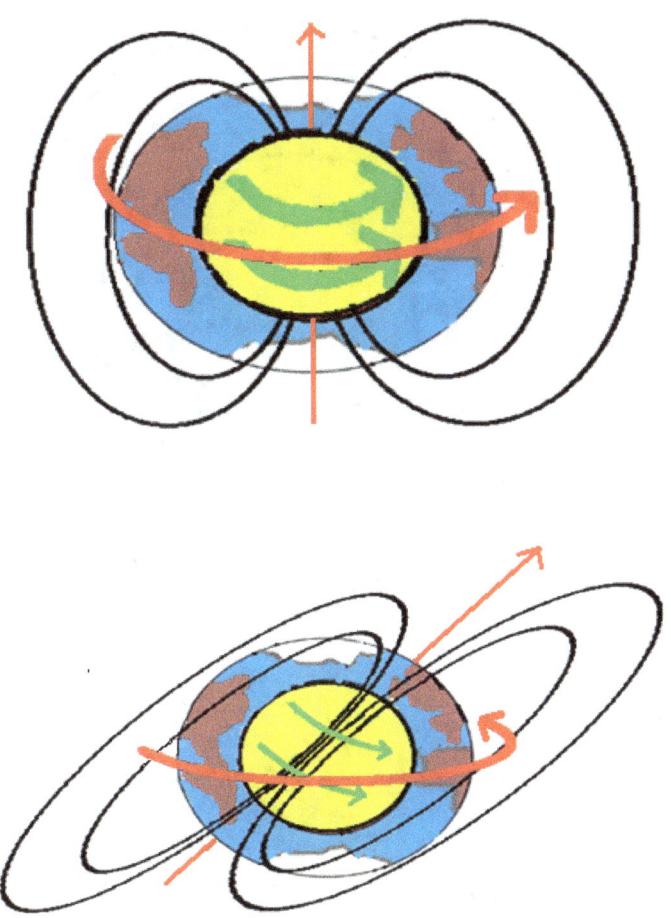

INVERSION DE LOS POLOS MAGNETICOS TERRESTRES

Si la variación del Polo Norte continúa su camino en dirección de las agujas del reloj, la variación magnética puede continuar hasta llegar a una inversión de los polos magnéticos.

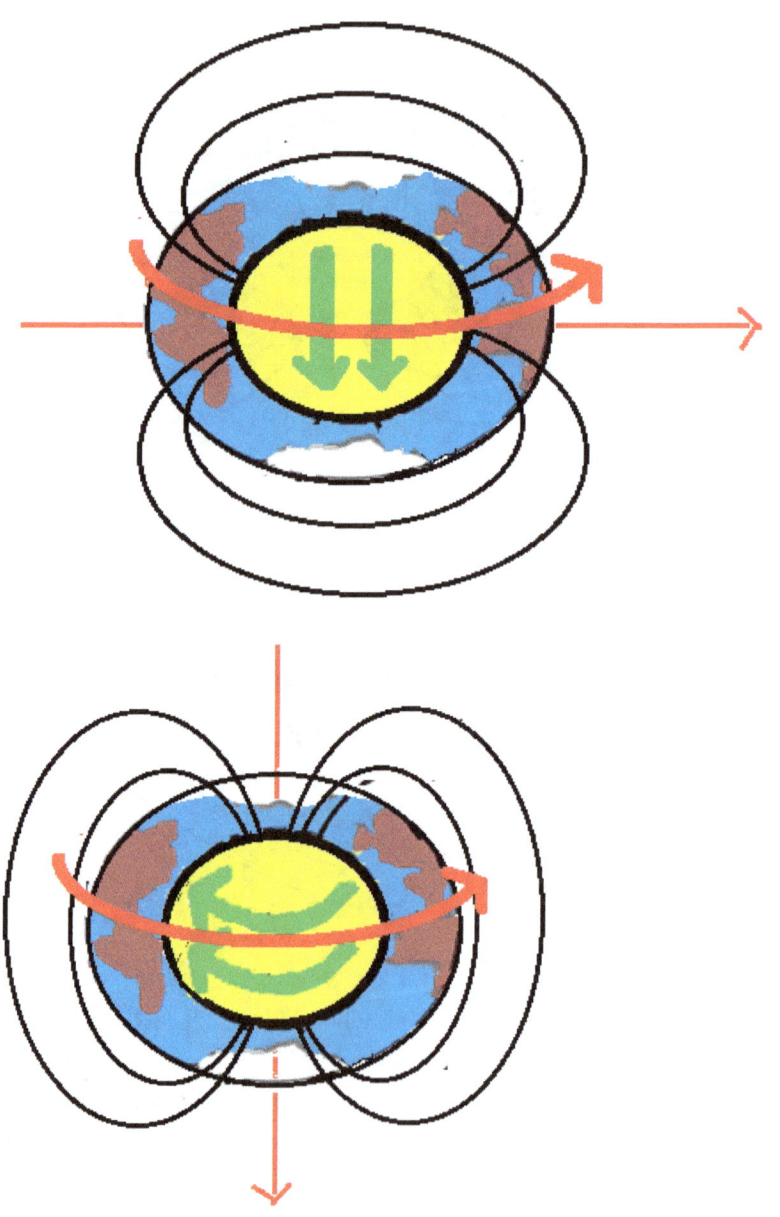

16 DIAMAGNETISMO Y LEVITACION MAGNETICA

Hay 3 fenómenos en magnetismo con una explicación similar en todos ellos.

Diamagnetismo en general: propiedad de los materiales por la cual se magnetizan débilmente en sentido opuesto a un campo magnético aplicado. Los materiales diamagnéticos son repelidos débilmente por los imanes.

Disco de Arago: o Magnetismo de Rotación; en el que un imán que no se ve atraído por el cobre sin embargo es capaz de producir con su movimiento giratorio el giro sincronizado de un disco de cobre. Fenómeno explicado por Faraday como consecuencia de la inducción magnética.

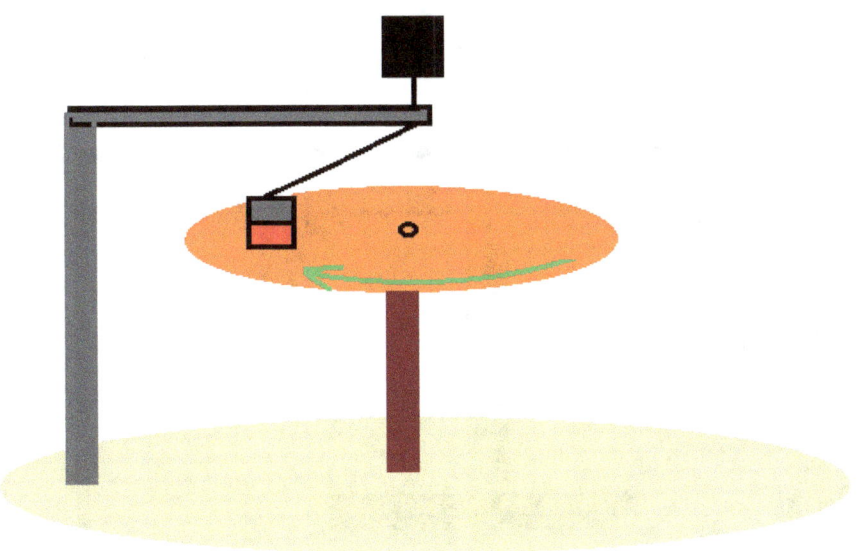

Levitación magnética-Efecto Meissner: Según Meissner-Ochsenfeld, desaparece totalmente el flujo de campo magnético en el interior de un material superconductor, por debajo de su temperatura critica, y se comporta como un material diamagnético perfecto.

Los 3 fenómenos caben en una única redefinición del Diamagnetismo. Empecemos con un experimento de Diamagnetismo que podemos ver en videos de Internet:

Sobre un soporte colocamos 2 uvas ensartadas en los extremos de una varilla sobre un eje que permite rotar la varilla libremente. Si acercamos un imán a ½ centímetro y sin tocar la uva podemos empujar la uva haciendo rotar la varilla sobre el eje, también podemos retirar suavemente el imán y la uva se mueve al unisonó a ½ centímetro siguiendo la estela del imán.

El Diamagnetismo parece consistir no solo en una leve repulsión sino también en una leve atracción a una pequeña distancia (el imán no solo empuja, sino que tira también de la uva).

En un 2º experimento que yo mismo he preparado y presento en primicia en este libro; sustituimos las uvas por una esfera de cobre y vemos que se comporta igual que la uva, empujando y tirando la esfera de cobre del imán anclado al eje, a una distancia de ½ centímetro, lo que demuestra por primera vez que el Disco de Arago no es más que un fenómeno de Diamagnetismo normal.

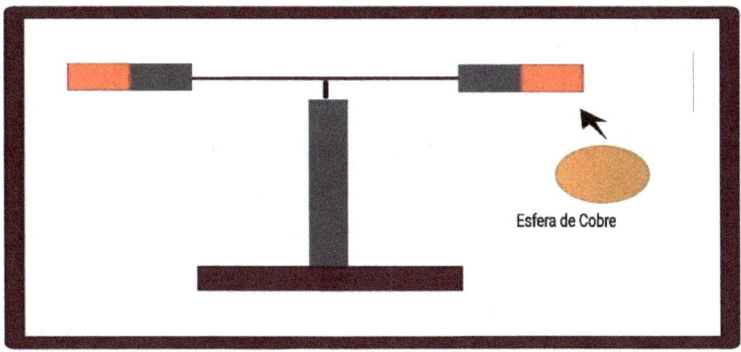

Esfera de Cobre

Podríamos redefinir el Diamagnetismo de la siguiente manera; Existen materiales que no magnetizan toda su estructura interna al acercarse a un imán, como lo hacen los materiales ferromagnéticos. Pero sí dejan que las líneas de Fuerza Magnéticas del imán recorran su interior con los efectos de anclaje que producen estas líneas. El magnetismo se muestra aquí sólo a través de las Líneas de fuerza, las corrientes circulares no se generan en el material diamagnético y por ello, no crean sus propias líneas de Fuerza, sino que potencian las que reciben del imán cercano.

1 LEVITACION MAGNETICA POR DIAMAGNETISMO

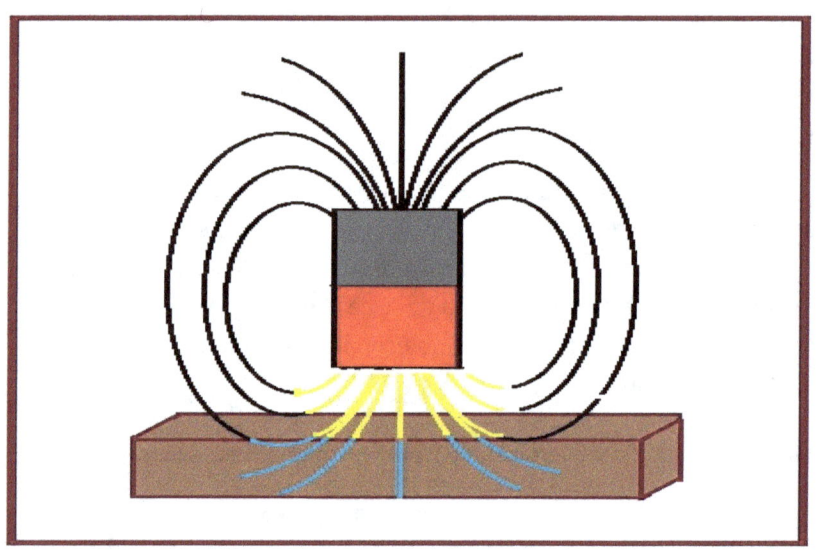

La fuerza que el imán por sí solo, otorga a sus líneas magnéticas en la zona cercana a los polos (en el dibujo en amarillo); es superior a la que puede ofrecer en esa zona un superconductor potenciando estas líneas. Sin embargo, a partir de un punto un poco más alejado del imán, la potenciación de las líneas de fuerza que aporta el superconductor es superior a la fuerza que otorga el imán a estas líneas magnéticas (en el dibujo en azul) debido al alejamiento del polo del imán.

Es este punto el que delimita la franja de levitación del imán.

El efecto anclaje de las líneas es el que a la postre mantiene alejados a una cierta distancia imán y superconductor.

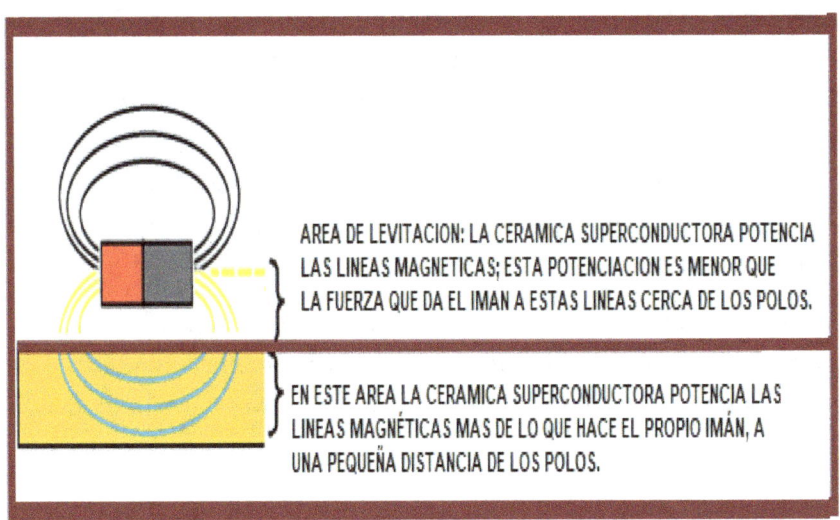

El imán busca levitando la zona en la que la potenciación de las líneas magnéticas por parte del superconductor es superior a la fuerza que otorga el imán a las líneas en la cercanía de los polos.

2 DIAMAGNETISMO:

En otras ocasiones, simplemente potencian las líneas que reciben sin mover su posición, pues su propio peso es mayor que la fuerza de las líneas potenciadas. (Es el caso de la uva y el cobre). A una cierta distancia del imán: la potenciación que ejercen los materiales diamagnéticos es superior a la fuerza de las líneas en la cercanía de los polos del imán.

Es por ello que imán y el material diamagnético se quedan anclados atravesados por las líneas de fuerza del imán a una distancia crítica en la que las líneas tienen más potencia que en la cercanía del imán.

En la levitación magnética (Efecto Meissner). Meissner-Ochsenfeld observaron las líneas de fuerza al atravesar el superconductor durante el experimento y pudieron ver líneas en el exterior del superconductor, en lugar de modificar su trayectoria e introducirse en el mismo sin dejar líneas externas, como hacen los materiales ferromagnéticos como el hierro, y llegaron a la errónea conclusión de que si hay líneas en el exterior es porque el superconductor las había expulsado.

Sin embargo, como hemos descrito anteriormente los materiales diamagnéticos lo que hacen es potenciar las líneas que atraviesan su interior, es lógico pues que se observen líneas de fuerza en el exterior del superconductor que sigan su camino.

3 PARAMAGNETISMO:

Los materiales diamagnéticos potencian las líneas de fuerza con más intensidad a una distancia del imán, esto no quiere decir que no las potencien a una corta distancia también, aunque imán y diamagnéticos buscan esa distancia de mayor eficiencia. Los paramagnéticos no potencian las líneas con suficiente fuerza como para que imán y paramagnético se muevan a buscar un lugar de mayor eficiencia; pero sí mantienen una muy leve potenciación; en la cercanía de imán y paramagnético la leve potenciación aumenta levemente, con tendencia a juntarse ambos.

17 RELACION INDICE CONDUCTIVIDAD Y MATERIALES MAGNETICOS

MATERIAL	INDICE DE CONDUCTIVIDAD	COMPORTAMIENTO MAGNETICO
GRAFENO CERAMICA Grafito pirolítico	98%	SUPERCONDUCTORES LEVITACION
COBRE	58%	DIAMAGNETICO
ALUMINIO	36%	DIAMAGNETICO
WOLFRAMIO	18%	PARAMAGNETICO
MOLIBDENO	18%	PARAMAGNETICO
COBALTO	17%	FERROMAGNETICO
NIQUEL	13%	FERROMAGNETICO
HIERRO	10%	FERROMAGNETICO

Que conclusión podemos sacar de la siguiente tabla;

Materiales con conductividad sobre 98% (Grafeno, Cerámica, Grafito pirolítico) ; la superconductividad de estos materiales potencia con tanta fuerza las líneas magnéticas del imán cercano, que puede superar la gravedad y hacerlos levitar (a una distancia de los polos). Son materiales superconductores.

Materiales con conductividad entre 36% a 58% (Cobre, Aluminio); la potenciación de las líneas magnéticas no es suficiente para vencer la gravedad y leviten; pero con herramientas para compensar la gravedad como balanzas de torsión; sí apreciamos el efecto potenciador de las líneas magnéticas (a una distancia de los polos). Son materiales Diamagnéticos.

Materiales con conductividad 18% (Wolframio, Molibdeno); la potenciación de las líneas magnéticas es muy débil y sólo son capaces de producir una leve potenciación de líneas a una corta distancia del imán y en consecuencia una débil atracción. Son materiales Paramagnéticos.

Materiales con conductividad entre 10% a 17% (Hierro, Níquel y Cobalto), en los materiales con mayor conductividad de 17%; los círculos electrónicos de las líneas de un imán cercano no se conservaban debido a que estos círculos se dispersan por todo el material, pero al reducirse la conductividad de 10 a 17%, estos círculos no se dispersan y se mantienen produciendo que estos materiales se comporten a su vez como imanes con círculos electrónicos en su interior. Son materiales Ferromagnéticos.

18 LEY DE LENZ

A) ESPIRA E IMAN

La ley de Lenz dice que el campo electromagnético inducido tiene una polaridad que produce una corriente cuyo campo magnético se opone al cambio que la produce cuando el flujo magnético está aumentando. Cuando el flujo magnético disminuye, el campo electromagnético inducido tiene polaridad opuesta.

Pero no dice por qué ocurre esto.

Repasemos el proceso de generación de líneas magnéticas:

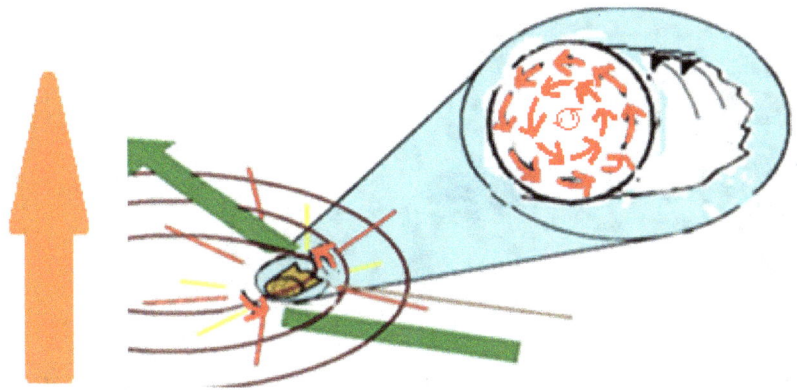

Las líneas forman círculos eléctricos de dirección contraria a la corriente eléctrica que las genera.

Ahora veamos gráficamente lo que ocurre en el experimento más realizado en la ley de Lenz, un anillo de cobre o aluminio al que se le acerca un imán:

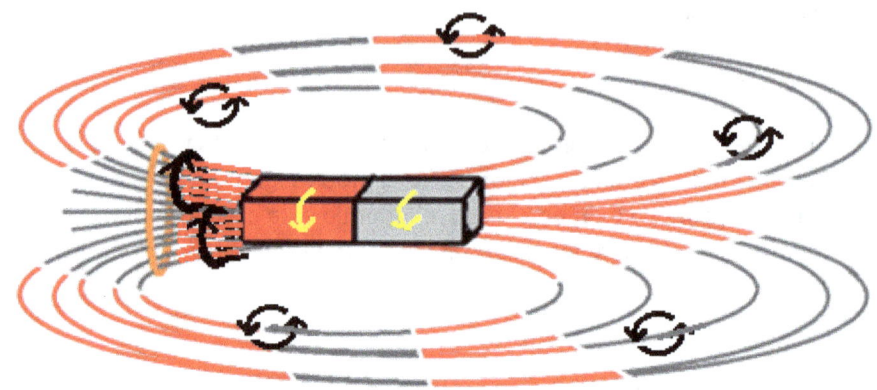

Vista frontal del anillo atravesado por las líneas magnéticas:

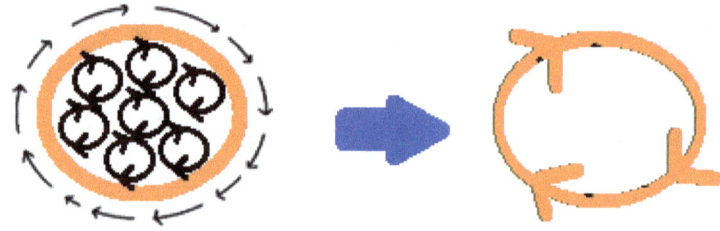

Vemos que las líneas al moverse inducen una corriente eléctrica en el anillo de la misma dirección que las corrientes circulares de las líneas magnéticas que lo atraviesan.

Y ahora recordemos las corrientes circulares o líneas magnéticas que genera una espira de corriente en su interior:

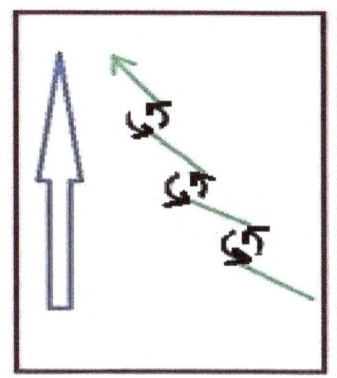 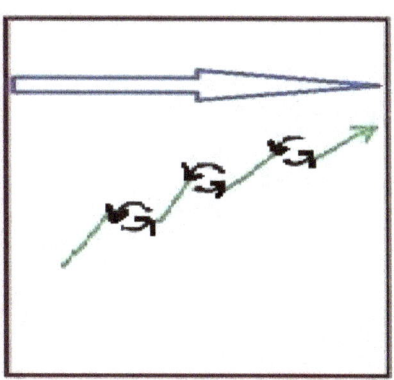

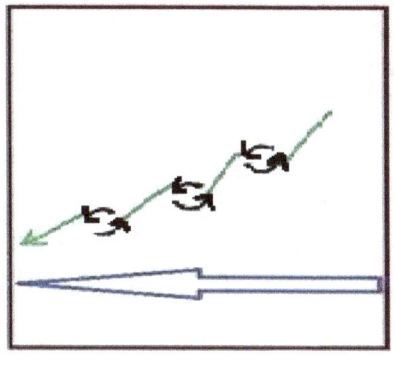 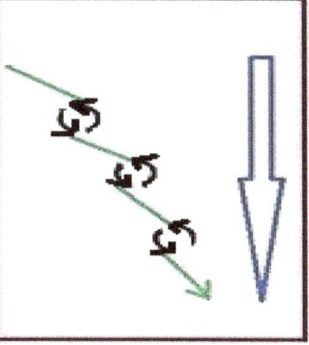

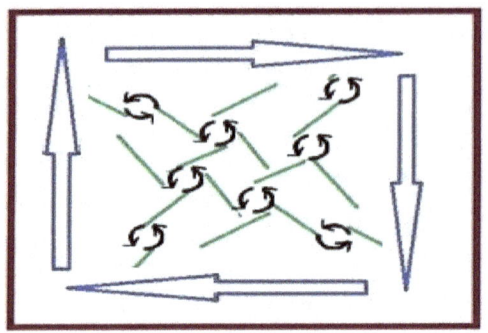

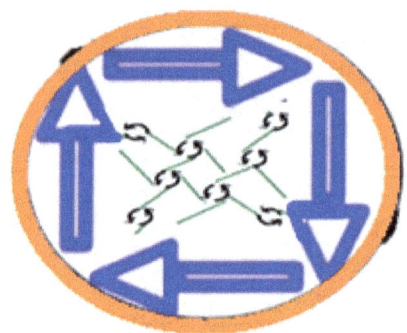 

Vemos que una espira o anillo de corriente genera unas corrientes circulares (líneas magnéticas) en su interior, con dirección opuesta a la dirección de la corriente de la espira:

Este hecho ocasiona que las líneas magnéticas del imán y las generadas por el anillo se repelan debido al efecto anclaje y a la repulsión de dos cables en paralelo con corrientes eléctricas opuestas del experimento de Ampere. Produciéndose el resultado de repulsión de la Ley de Lenz.

Una vez que el imán está en el interior de la espira, las corrientes circulares de las líneas que afectan a la espira son las exteriores del imán y no las interiores y por tanto son de dirección contraria y al mover el imán hacia dentro o hacia fuera, las líneas creadas por el aro (en color violeta) son de igual dirección de corriente a las líneas del interior del imán (en color negro) y por tanto se produce atracción.

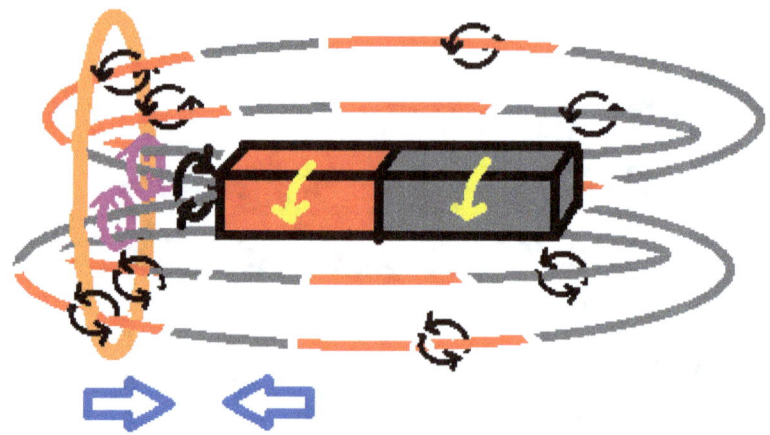

El proceso es inverso al anterior:

Se produce la atracción entre anilla e imán, debido al efecto anclaje y a la atracción de dos cables en paralelo con corrientes eléctricas iguales del experimento de Ampere.

Esto es lo que observamos al introducir un imán en una espira de cobre, en un primer momento se repelen, pero con posterioridad al sacar el imán de la espira se aprecia una leve atracción.

B IMAN EN SOLENOIDE

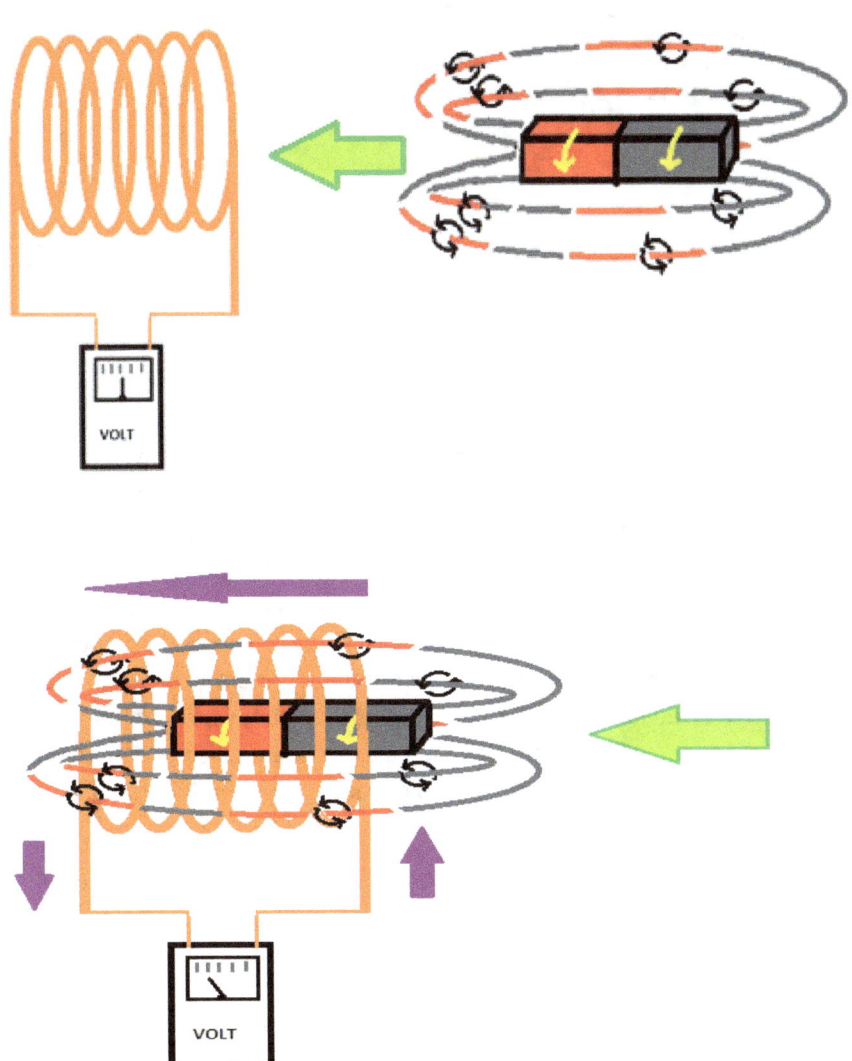

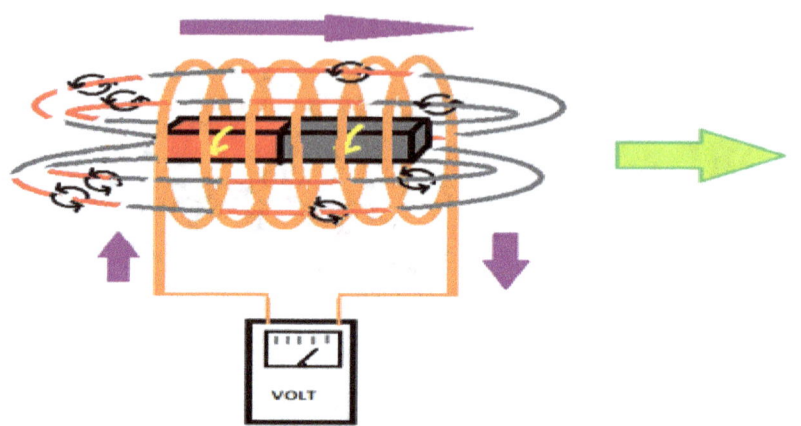

Podemos pensar que al acercar un imán al solenoide se genera una corriente en un sentido y al separarlo se genera una corriente en el solenoide de sentido opuesto, pero de la observación experimental se deduce algo más aleatorio, al acercar el imán el voltímetro :da en ocasiones tensiones positivas y en ocasiones tensiones negativas y lo mismo pasa al alejarlo que en ocasiones da tensiones positivas y en ocasiones negativas, la conclusión que sacamos es que la tensión, así como el carácter positivo o negativo depende de factores como la electricidad generada en el solenoide dependiente de que las corrientes circulares de las líneas predominantes en el mismo , sean las interiores del imán o las exteriores, así como los pasos anteriores al movimiento del imán crean corrientes en el solenoide que perduran un poco más de tiempo.

Por tanto, el control experimental es muy complicado debido a que no podemos cruzar adecuadamente en cada momento cual es la tensión predominante en el solenoide; la proveniente de las líneas interiores del imán o la de las líneas exteriores-

EXPERIMENTOS

MOTOR HOMOPOLAR

Veamos el esquema de funcionamiento:

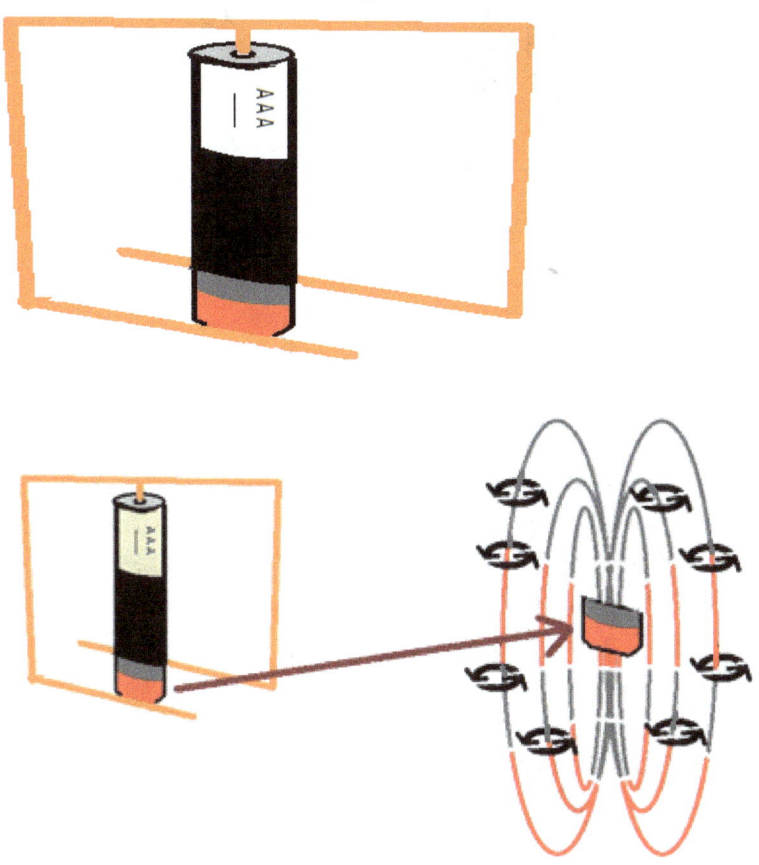

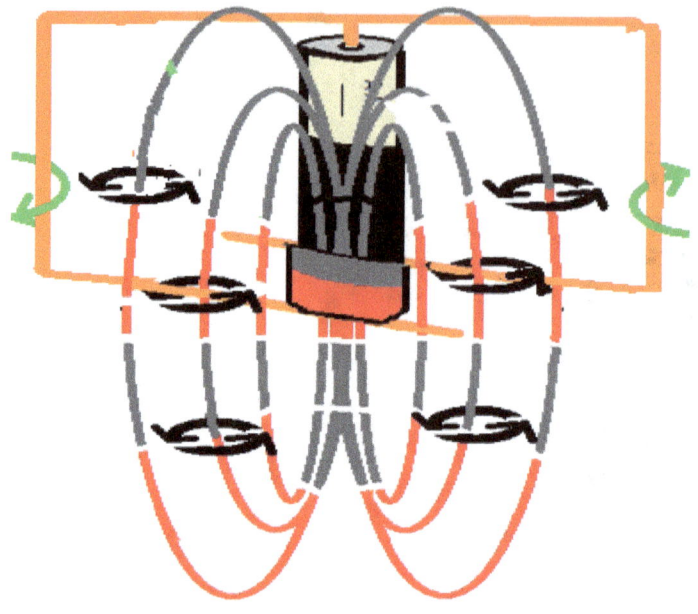

En negro vemos la dirección circular de las corrientes generadas por las líneas magnéticas y en verde la dirección que coge la espira con corriente proveniente de la pila, en aplicación del experimento de Ampere sobre cables de corriente en paralelo, la espira con corriente de la pila se ve atraída por las corrientes circulares de las líneas magnéticas y sigue su misma dirección.

ESTA ES LA MEJOR PRUEBA DE QUE LAS LINEAS MAGNÉTICAS SON ONDAS DE PERCUSION QUE FORMAN CORRIENTES CIRCULARES.

20 ESPIRA GIRATORIALAS

En esta situación se da una explicación similar a la del caso anterior.

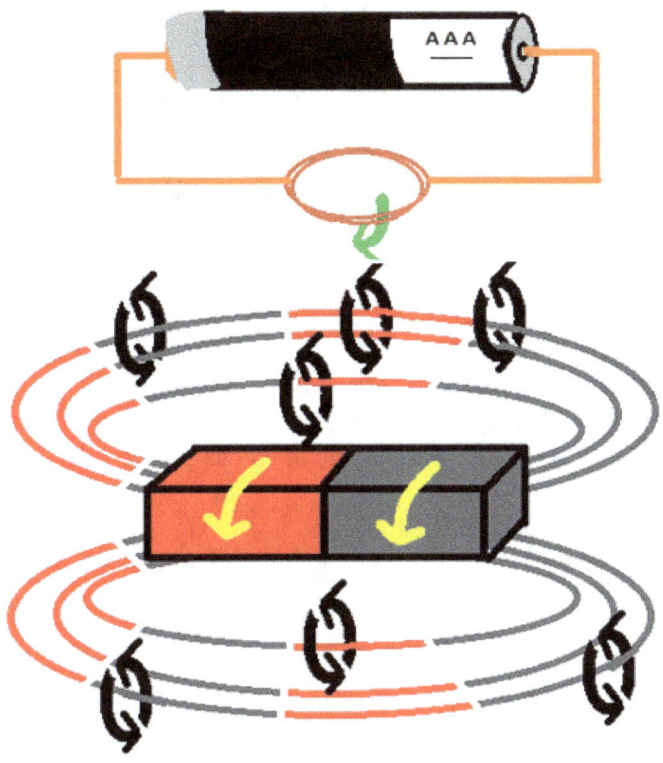

La espira sigue la dirección de las corrientes circulares que mantienen las líneas magnéticas en aplicación del experimento de Ampere sobre cables de corriente en paralelo.

21 IMAN CAE FRENADO EN INTERIOR TUBO DE COBRE

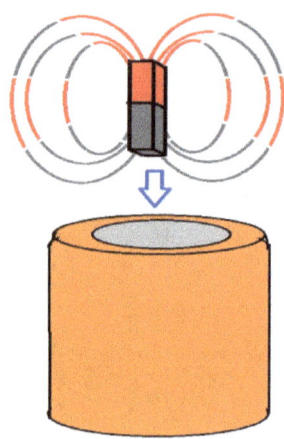
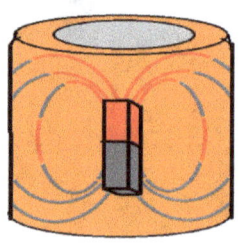

La explicación del frenado provendría de lo que vimos en el capítulo de Diamagnetismo, donde las líneas magnéticas se ven potenciadas en presencia de materiales diamagnéticos, en este caso el cobre y en consecuencia frenan la caída del imán debido al efecto anclaje.

22 LAS LINEAS MAGNETICAS SON FLEXIBLES Y SE DEFORMAN

Antes de pasar a ver más experimentos apreciemos que las líneas magnéticas se pueden deformar, y dilatar o retorcer, tal como vemos ocurre en el Sol, al observarlas.

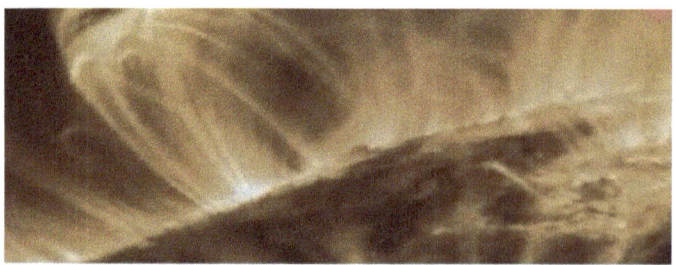

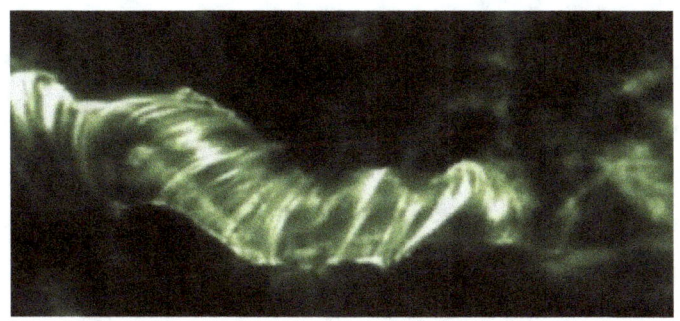

23 IMAN COLGADO DE UN HILO CAE Y SE FRENA SOBRE BARRA DE COBRE

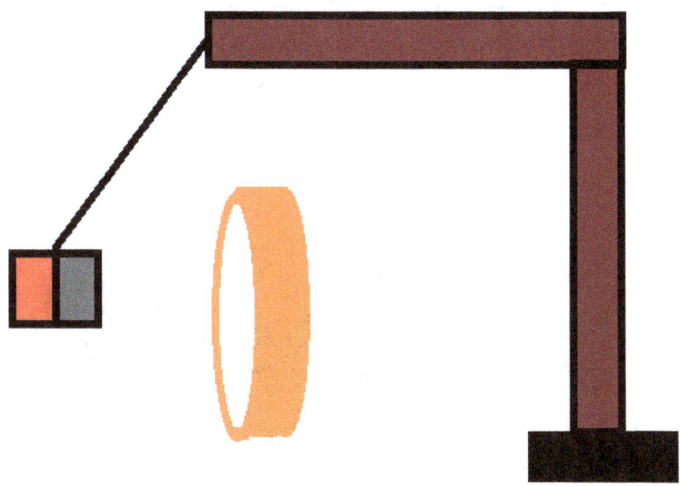

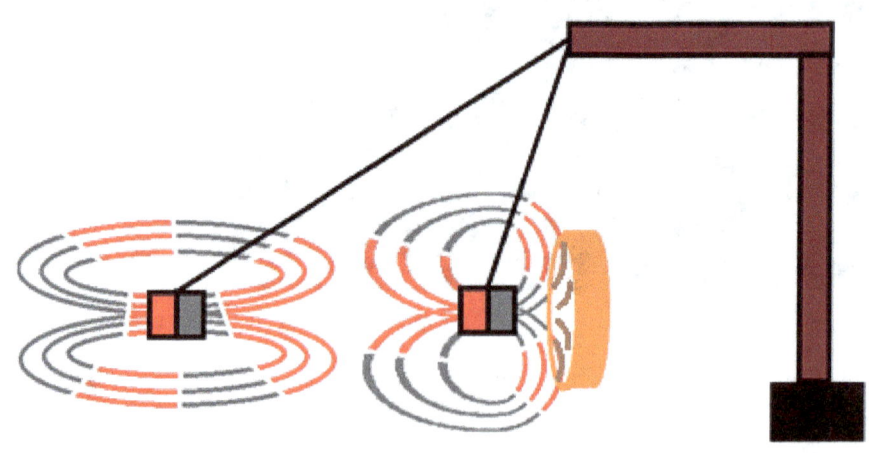

Vemos que el imán se frena debido al efecto; "Potenciación de líneas magnéticas" en presencia de materiales Diamagnéticos, unido al proceso de deformación y retorcimiento que hemos observado en las líneas.

24 IMAN EN TUBO DE ENSAYO SE ELEVA AL GIRAR UN DISCO DE COBRE PROXIMO

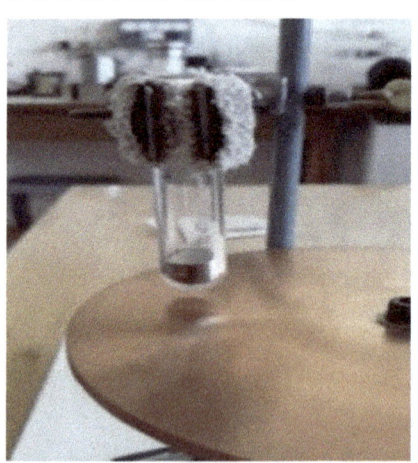
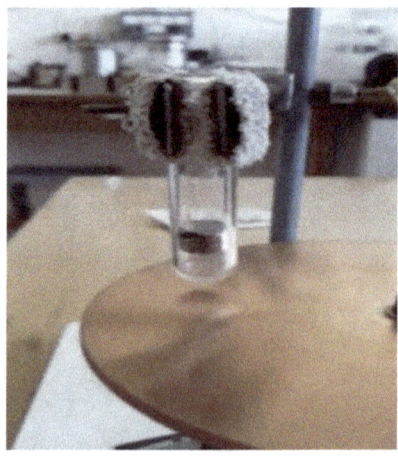

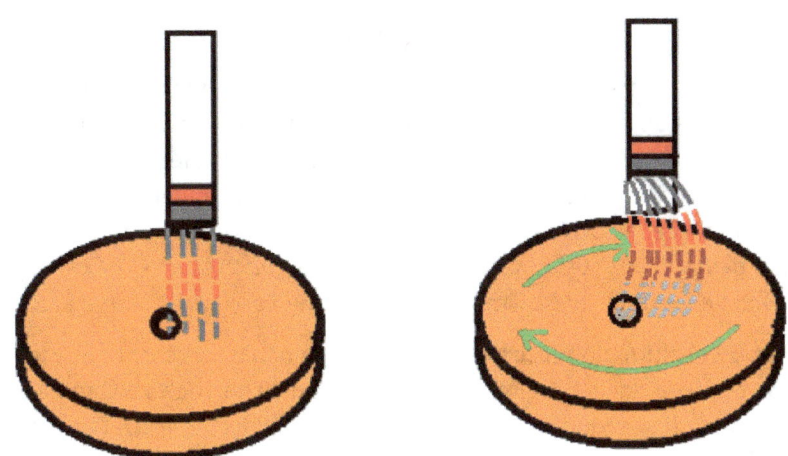

Sería un proceso similar al del imán frenado, en este caso, el retorcimiento y deformación de las líneas de fuerza, junto a la potenciación de las líneas en presencia de un Diamagnético, serían las causas de la elevación del imán en el tubo de ensayo.

25 PLANCHA DE ALUMINIO LEVITA SOBRE CORRIENTE ALTERNA

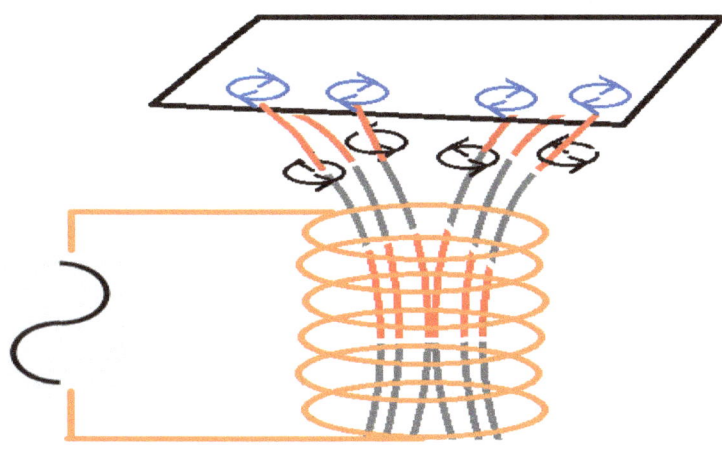

En este caso emito una hipótesis que debe ser comprobada:

El electroimán genera en el aluminio unas corrientes circulares en un sentido a través de sus líneas magnéticas, y al cambiar el electroimán el signo de la corriente, emite a través de sus líneas y de manera instantánea unas corrientes circulares en sentido contrario, pero el aluminio no tiene la instantaneidad de la corriente alterna y conserva un poco más de tiempo la dirección de las corrientes circulares recibidas, lo que produce una repulsión siguiendo el experimento de Ampere de cables de corriente en paralelo.

Para cuando el aluminio reacciona y cambia sus círculos de corriente a la dirección recibida del electroimán. El electroimán ya ha vuelto a cambiar, produciéndose una repulsión continuada, es este asincronismo o falta de reacción instantánea la que hace que aluminio y electroimán se repelan.

26 PARADOJA DE FARADAY

Experimento en el que enfrentamos un imán rotatorio y un disco de aluminio rotatorio que tiene 2 escobillas conectadas al voltímetro; una en el eje y otra en el bordo del disco.

1) imán fijo y disco de aluminio girando: vemos que se crea un voltaje.

2) imán sostenido por el disco de aluminio de manera que ambos giran a la vez: vemos que se crea un voltaje

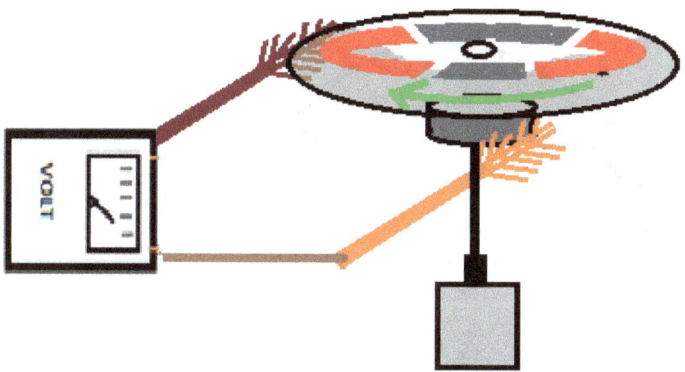

3) imán gira y disco quieto: vemos que no se crea un voltaje

Conclusión:

La posible causa de este comportamiento es que en el caso 3: imán gira y disco quieto; lo que se crea es una corriente circular en el disco del tamaño de la superficie del imán que no llega a los extremos del disco ni a las escobillas:

27 BIOGRAFIA

Angel Perez Sanchez, nació en 1961 en Madrid, España y estudió en la Universidad Comillas (ICADE) (Madrid-España), obteniendo Titulo de Abogado-Empresarial en 1986; Investigador independiente, Escritor científico.

Libros:

- "Desvelando los Misterios del Magnetismo"
- "El libro de la Evolución Memoria Evolutiva"
- "Por Fin una Teoría del Todo Razonable"
- "La Esencia del Cristal"
- Miembro de la RSEF Real Sociedad Española de Física.
- Miembro del CEMAG Club Español de Magnetismo

Premio a "La Mejor Presentación" en la Conferencia Internacional de Materia Condensada, Diamagnetismo y Paramagnetismo ICCMPDP en agosto de 2023 en Barcelona con la presentación "Magnetic Lines of Force & Diamagnetism" Magnetic Lines of Force and Diamagnetism (waset.org) MAGNETIC LEVITATION/

Premio a "La Mejor Presentación" en la Conferencia Internacional de Universo Acelerado, Energía Oscura y Modelos de Expansión ICAUDEEM en octubre de 2023 en Londres con la presentación "[Consideration of Starlight Waves Redshift as Produced by Friction of These Waves on Its Way through Space](#)" Publicado en la revista " World Academy of Science, Engineering and Technology", el 2024-10-09

Publicación del articulo: "[Consideration of Magnetic Lines of Force as Magnets Produced by Percussion Waves](#)" en la revista: World Academy of Science, Engineering and Technology el día 6-9-2024

e-mail: angelperez94@gmail.com

WEB: www.magnetismo.es

Registro Territorial de la propiedad intelectual

26-marzo de 2008 número de expediente   12/rtpi-002598/2008 y 29-junio de 2009 número de expediente   12/rtpi/-006058/2009

25 de octubre de 2011-12-05

Número solicitud; M-008173/2011

www.ingramcontent.com/pod-product-compliance
Lightning Source LLC
Chambersburg PA
CBHW071033240526
45469CB00006BD/2198